U0150652

老味道

亲吻味蕾里的乡愁

高维生 著

团结出版社

图书在版编目（ＣＩＰ）数据

老味道：亲吻味蕾里的乡愁 / 高维生著. —— 北京：
团结出版社，2020.11
ISBN 978-7-5126-7999-3

Ⅰ．①老… Ⅱ．①高… Ⅲ．①饮食－文化－中国
Ⅳ．①TS971.2

中国版本图书馆 CIP 数据核字 (2020) 第 103305 号

出　版：团结出版社
　　　　（北京市东城区东皇城根南街 84 号　邮编：100006）
电　话：(010) 65228880　65244790　（出版社）
　　　　(010) 65238766　85113874　65133603（发行部）
　　　　(010) 65133603（邮购）
网　址：http://www.tjpress.com
E-mail：zb65244790@vip.163.com
　　　　fx65133603@163.com（发行部邮购）
经　销：全国新华书店
印　装：三河市东方印刷有限公司

开　本：146mm×210mm　　　32 开
印　张：10.625
字　数：164 千字
版　次：2020 年 11 月　第 1 版
印　次：2020 年 11 月　第 1 次印刷

书　号：978-7-5126-7999-3
定　价：38.00 元

目录

食物与方言的味蕾

蒋　蓝

我生在川西南，自幼吃荸荠，一分钱可以买两个。但川人从没有这么文绉绉的称呼，分别叫它蒲嗻儿、蒲荠、马蹄、"茨菰"、"慈姑"、地栗、地梨，我到二十岁之前就以为它就叫"茨菰"，如今九〇后、〇〇后的口语里又与国际接轨，叫"江南人参"等。这是不是水果里名称最多的东西暂且不论，但由此可见一个小小荸荠对于地缘的穿越式辐射力，名物确立在方言中，它表情忠厚吞云吐雾，一颗白心，多种准备。有意思的是，一直生长在北地的作家高维生，一来川渝就发现了奇怪的荸荠，大吃特吃，写出一篇美文《地下雪梨》。

高维生对此来一番名物小考："荸荠，古称'凫茨'，有诸多的叫法。莎草科多年生草本植物，冬、春两季上市。荸荠在地下匍匐茎，呈扁圆球形，肉质为白色，脆嫩多汁。熟后呈深栗壳色，恰同栗子，不仅形状、性味、成分和功能相似，泥里结果，又有'地栗'的名称。"

"荸"这个字来源于《尔雅》中的"凫喜食之"，不但是"凫"字的变音，在四川也暗示蜀地"凫凫"之凫鸟的地望。《切韵》指出："凫、荸同一字母，音相近也。"这样一来，"凫"就变成了"荸"。

高维生笔一拐，回到了文学，谈到了徘徊在他舌尖的荸荠，谈到了南方的荸荠在北方人的味蕾间旁逸斜出：汪曾祺笔下的荸荠、周作人笔下的荸荠，高维生站在昔日老舍先生位于重庆北碚的故居前，买了一包荸荠，种种况味，咂摸出异常丰厚、无尽的味道。语言道不尽，留待读者去回味。这一写作风格，决定高维生在《老味道：亲吻味蕾里的乡愁》的几十篇文章里，深谙"留白"的美学。这篇千字文所蕴含的多向度意义，可能要高于、大于篇幅远不止于此的饮食考辨以及周末旅游式的文字。

高维生的系列饮食散文，有文、有思、有趣之余，更有料——饮食史几乎构成人类的发展史经脉，他在文章里特别关注一地风俗对饮食的熏染，菜肴更承载着族性、方言的密码，他在这些文章里逐步发展到对一地乡土的深情打量。饮食的群体嗜好甚至会造就出一种区域化性格。高维生毅然撇去菜谱式的操作罗列，一个人静下来去感触饮食与现实的关系，在审美的现实感官里可以进一步发现，就像明朝才子杨升庵所言，雨、云、风与阳光也充满香味。

在《老味道：亲吻味蕾里的乡愁》里，高维生写金华佛手，写醋沥小鱼，写博山豆腐箱，写京都茯苓饼，一篇篇都勾起我的食欲，以及我对与这些食品有关的人与事的记忆。我发现，高维生刻意绕开那些华贵的满汉全席、龙肝凤髓与江湖豪客的水陆俱备，而置身这些充满乡野风味的食品间游走，它们成为高维生流连忘返的地带。这与收入无关，而是与一个人的价值观相连。

这样的散文，逐步与梁实秋、李劼人、车辐、汪曾祺等老一辈作家的饮食审美拉开距离，在很多未被前人所道及的小菜、小品、小果、小饮里，发现他心仪的别样人生。这是《老味道：亲吻味蕾里的乡愁》一书给予我的最大感受。

　　同时我也注意到，成都出版家吴鸿也是出了名的美食家，吃香喝辣，走遍了成都的大小馆子，写成了一部名作《舌尖上的四川苍蝇馆子》。其实，这就是他的功夫，阅菜无数，所谓"实地考察"是也。高维生多年以来奔走在东北的山野间从事田野考察，成为了他的非虚构写作的一大特色。他以这样的功夫，略微发力于饮食，就很容易与菜谱式的写作和周末旅游式的写作区别开来：一是在于文字功夫的火候，更多的是在于他有发现的眼睛——而用在这本书里，就是"福尔摩斯的嘴巴"了。对此高维生承认："吃不是单纯的生物性本能的需求，而是承载的文化重量。食物在人类学家眼中，不仅在肠胃里消化。它的色彩、气味和形状，唤起对时间、地点和人物的回忆。"

　　一般而言，人到七十岁时，其味觉只有三十岁时的三分之一。人类的饮食进步，主要是在舌头的带领下获得的。舌头的需求"成就"了文明、文化的发展。厉行节约的孔子却提倡"食不厌精，脍不厌细"，其实是着眼于大众的。他的舌头忙得团团转，所谓"天花乱坠"、诲人不倦，哪里还有胃口呢？

　　我想，人们是在三个向度上理解舌头的——生理的舌头、情色的舌头、话语的舌头。舌头不但伸延至人类的物质领域，舌头还舔舐出形而上之天空。就像美杜莎之蛇，用烙铁的红丝勾勒了一个欲望翻滚的世界。套用一下克尔凯郭尔的著名论断，舌头的边界，就是世界的边界。而在这样的世界里，《老味道：亲吻味蕾里的乡愁》为我们钩稽出通达乡愁的路径。

二〇二〇年三月二十九日于成都

第一辑

珍馐

阿玛尊肉

〇十一月二十日

沈阳

味蕾的冒险

〇一月十八日

济南

一锅人间烟火味

〇二月十五日

长春

一坛二坛三四坛

〇二月二十日

济南

阿玛尊肉

二〇一七年十一月，深秋时分，我住在沈阳浑南区的精选酒店，不出二百米，就是五里河公园。沿着缓步阶梯而下，俯身可以触摸浑河水。早饭后，去河边跑步，偶遇一对野鸭子，在冷水中，迎着阳光逆水游动。它们自由自在，样子快乐，不受冰冷影响。一枚落叶，随风儿落身上，摘下放进河水中，让它追赶野鸭子，伴着漂泊远方。

我推辞朋友的盛情，一个人放松，浑河边有家小食馆，主菜满族当家菜黄金肉。乾隆主政时期，清朝发展到鼎盛阶段，政局稳定，经济发展快速，人们追求生活的品位，追逐饮食市场潮流。满族特有的八大碗，由雪菜炒小豆腐、卤虾豆腐蛋、小鸡榛蘑粉、年猪烩菜、御府椿鱼、阿玛尊肉、灼田鸡、扒猪手八种菜，组合而成。阿玛尊肉，俗称黄金肉。

上午十一点，我就来到小馆子，几张木桌子，墙上挂着菜谱。一盘黄金肉映眼，旁边文字讲述此菜传说。

努尔哈赤十岁丧母，继母为人处世尖刻。他流落到抚顺女真部落，在首领家做小伙计。部落首领讲究吃喝，每次八菜一汤。有一回宴请客人，他让善做菜的女司厨上灶，由努尔哈赤做帮手。女司厨做完第七道菜，意外晕倒。

席宴达到高潮，等着上菜。努尔哈赤急中生智，切好里脊肉，裹蛋黄液入油锅炒。装盘送上，首领品尝后，觉得与以往不一样，宴会后问是谁做的菜，人们说明实情。首领听后十分高兴，传唤努尔哈赤，问此菜的名字。努尔哈赤不知如何回答，为了讨吉利，随口说道："黄金肉。"

努尔哈赤为后金创始人，清朝的老祖宗，从此以后，历届大典先上黄金肉。清朝各个皇帝视黄金肉为珍馐，以示不忘先祖恩典。

我来的时间尚早，未到用餐高峰期，店内显得冷清。点了一份黄金肉，读着传说故事，望着窗外流淌的浑河。朋友安排这个地方，是知道我每天跑步。告诉我说，有时能看见浑河中的野鸭子、林子里的松鼠、飞来飞去的鸟儿。

北方深秋，一方凄凉景象，岸边树林，地面铺满落叶，枝头叶子落尽，鸟儿栖在枝头发出啼鸣。浑河水势减弱，不似夏日狂放。浑河古称沈水，又称小辽河。七千二百年前，人类在两岸农耕渔猎，繁衍生息，创造出新乐文化。浑河曾经是辽河最大支流，也是辽宁省水资源丰富的河流，现今独立入海。

传说明朝末年，努尔哈赤为王不久，明将李成梁率兵攻打。有一天，探马从前线回来，向努尔哈赤禀报。汇报情况中说，明军组织二十万大军，兵分三路，大队人马已到哈达岭一带，他们说出剿灭后金的狂言。

努尔哈赤得此情报，内心着急，表面却无任何表现，危急时刻露出不安，会动摇军心。他想建州几万兵马，如何抵挡二十万明军？面对险恶局势，如果做出错误决定，新生政权将毁于一旦。努尔哈赤前思后想，与将领商议退兵之计，经过周密商讨，他认为决战不能硬碰硬，只能采用智取，不可拼命。

第二天，为了战略需要，避其锋芒，努尔哈赤率主力撤离后金首府。他们一路急行军，走过龙岗山，迂回南杂木一带，养精蓄锐，待敌人来攻，寻找战机反击。有一天，努尔哈赤来至河边，这时传来消息说，明军先锋部队再有八十里，到达萨尔浒和铁背山。

努尔哈赤计上心来，注视河水，听着流水声。他下令所有的兵马下河，让战马喝水，并不停赶动，使战马在水中来回奔跑。并发动河两岸百姓，把各家马粪扔进河里，经过一番闹腾，清澈的河水，被搅得泥沙泛起。往日水清见鱼，现在浑水汹涌，马尿和马粪，乱草与败叶，使河水成为浑河。

大将李成梁赶到萨尔浒，见到的不是想象中的情景——飞鸟尽，两军激烈搏杀，军马驰骋，张弓搭箭，锋利箭镞射穿士兵的骨头，而是没有顽强抵抗，不见努尔哈赤旌旗的影踪。但他又目睹河水浑浊，不光有马尿，还有马粪，似乎有千军万马蹚过。李成梁起了疑心，难道努尔哈赤兵马不少，和消息说的不符？身边谋士对李成梁说："此人诡计多端，小心上当。"

谋士的话正应李成梁想法，觉得眼前情景不对头。他望着两岸树林，再看浑浊河水，下令撤退。努尔哈赤得知退兵消息，双手伸出呈飞翔状，仰天长啸，释放内心压抑。老天长眼，迫不得已一招，搅浑河水吓跑明军。从此以后，这条水清的河改名浑河，叫法流传至今。

二〇一七年十一月，我住在浑河边，早饭后上水边跑步，欣赏流淌的水。浑河闸口前，一片凋败芦苇，几个钓鱼者坐在马扎上，不惧清寒，盯注水面鱼漂。在河边遇上晨练老人，身上播放器，放着流行歌曲。

我走了大约四公里，往回返宾馆，离滨水码头一里多路，电话突然响起，恰好看到林间松鼠逐食，目测距离，它应听得见电话响声。松鼠没有跑，而是照常找食，如同什么也未发生。我没有接电话，停下脚步，害怕惊动其吃食。

松鼠耳小而圆，颈粗壮，长尾巴翘向天空。它栖居密林中，嗅觉灵敏，可准确辨别松子空实。松鼠主要以林间干果果腹，偶尔吃昆虫，春季吃树芽，夏季吃蘑菇和越橘浆果。秋季果实丰收，食物丰富，它们吃喝不愁，随便挑拣。

这是松鼠忙碌季节，果实埋藏地下，留作过冬食物。冬天积雪覆盖，大地白茫茫一片，它却仍能找到所藏食物。遗漏下来的种子成为传播希望，春天长出新芽，促进天然林更新。

我动作尽量放轻，不发出响声，免得惊吓松鼠。举起手机，对着松鼠拍照，由于距离远，松鼠形象太小。

服务员端上黄金肉，我没有夹一块，注视盘中美味，不忍心破坏。黄金肉，也叫油塌肉片。颜色呈金黄，清香酥嫩，满族珍馐第一味。黄金肉食材，鲜猪肉切片入盐，鸡蛋液调兑淀粉，肉片抓浆。处理好的肉片过油，炸至四成熟捞出。锅中留少许油，肉片倒入锅中，煎至金黄。放入葱丝、姜丝、花椒和香菜段翻炒，浇兑好的汁，淋几滴香油。做法不复杂，一般人看过都能操作。简单的黄金肉，一个"黄"字深藏历史。在清朝发祥地——这个素有"一朝发祥地，两代帝王都"之称的古地，走进时间深处，品味黄金肉。

咬一小口黄金肉，满口布满香气。历史和味觉相融，形成新记忆，它与窗外浑河遥相应和。

黄河里的鱼

二十世纪八十年代初，我刚来滨州，人生地不熟，当地人见面，推荐黄河鲤鱼和刀鱼。当地每家宴请离不开黄河鲤鱼，它同淞江鲈鱼、兴凯湖鱼、松花江鲑鱼被誉为四大名鱼，很早就有"岂其食鱼，必河之鲤"的说法。黄河鲤鱼肉质细嫩，金鳞赤尾，体型长，又被称作龙鱼。

黄河刀鱼，生长于黄河下游，在滨州至河口一带，每到春天逆流而上，到济南泺口繁育后代，因此当地人又称之为"倒鱼"。

每年四月初，至麦子熟前，黄河刀鱼从黄河口逆水而上，此时是捕捞的最佳时期。这种鱼特征鲜明，游时如飞，离开水马上死掉。黄河刀鱼肉质细嫩，鲜味与众不同，是黄河独有的鱼类，现在很难找到踪迹。

糖醋黄河鲤鱼为济南的传统名菜，此鱼头尾金黄，全身鳞片闪亮。《济南府志》上有"黄河之鲤，南阳之蟹，且入食谱"记载。糖醋黄河鲤鱼，始于泺口镇，这个地方厨师喜用活鲤鱼，后来传到济南。厨师将鱼身割上刀纹，外裹茨糊，下油炸后，头尾翘起，用老醋加糖制成糖醋汁，浇在鱼身上，外脆里嫩。现在这道菜仍然是头牌菜。野生鲤鱼难遇上，大多人工养殖的淡水鱼，叫法和制作工艺一样，原材料发生变化。

上午采访结束，高书记说："一个叫韩丕泉的老人，他在黄河边长大，家里可以造船，过去代代都打鱼。"这个信息使我兴奋起来，对黄河鱼的事情，他可能了解得更多一些。

下午按照说定的时间，准时来到了高杜居委会，六十八岁的韩丕泉已经早来。干瘦的身体硬朗，透出青年时活力旺盛的影子。他的老家在黄河边上，梁才办事处韩墩庄，离城十里多地，一辈子撑船、运输和打鱼。自己家里造船，材料是白木与槐木，船下水要掐算黄道吉日，放上一挂鞭炮，在河上走一圈。如果船上装满货，跑长途运输，必须装少许的粮食。传说海里的鬼怪，把鬼魂托付给一条大鱼，它瞅准机会在船边冒出，然后撞翻船。使船打鱼的人家，出航都要带米撒进水中，嘴里叨唠几句吉祥话。时间久了，不是敷衍了事，而是一种仪式，老辈传下来的风俗。求天请地，保佑行船人安全归来。船工喊出的号子掠过水面上，被浪头撞得粉碎。

我整理书房，找到了一九八七年出版的《滨州歌谣谚语集》，读到了《拉纤歌》：

拉呀拉，拽呀拽

一步一爬往前迈

破衣烂衫难遮体

背如弓来肩发柴

皇上头顶一块板

前后珠子十八串

哥们肩背一块板

拉得黄河水倒转

上水累得腰腿疼

下水我像坐朝廷

有钱买得今朝醉

管它哪天把命扔

人说世上有三险

跑马行船打秋千

那些都是乐趣事

世上唯有行船者

过了蝎子泆

望见桃花岸

谁家的小姐掰花枝

俺为啥捂起脸

拉呀拉拽呀拽

前面来到龙王崖

急流险滩船难挪

哪个舅子腿哆嗦

盘到济阳滩

庙会真可观

信男善女降香来

戏台上昆曲唱得欢

盘到泺口靠了岸

扔下纤板换衣裳

济南府里去逛逛

管他小娘在家难

古老号子融化在水里，任何人触摸黄河，都会想起水中的船，听到有力的号子，被呀嗨哟的声音打动。

黄河水大浪猛，船卷在涡底，岸上的人看不见船，惊叫声中又浮出来。韩丕泉说，他划的"小鬼欢气"，四米多长，一点五米宽。两张棹，架在棹桩子上，接触点生牛皮条子绑起来。船体积不大，使用起来方便灵活。黄河浪高水急，常有船翻人落水中，小鬼喜欢这样的场景，船名由此而来。

黄河盛产刀鱼、鲤鱼和鲇鱼，刀渔网又叫拔网，能打一千多斤刀鱼。那时鱼的味道鲜美，刀鱼一块钱三斤，两斤鱼换回一斤肉。长在水边，吃在水边，韩丕泉老人说，他们对鱼有不同的吃法。做刀鱼不用油，洗净后晾晒，干煎焦黄后放入盐，其做法叫"干煲鱼"。煲上三五斤刀鱼，锅底煲出半茶碗鱼油。鲤鱼清炖，花椒、生姜、葱花煮，做出的滋味风格迥异。

从小在黄河边上，水上行船，夜晚伴着浪声入睡。大人小孩练成识水的眼睛，一看水情便知道，哪片水有鱼，哪片水无鱼。道旭水流湍急，急流中存不住鱼，所以不能在那儿打鱼。

一九六二年，三年自然灾害，韩墩庄地处黄河边上，人们在河滩上种地瓜和萝卜，补充家里粮食不足，全村无一个打光棍。韩丕泉结婚是冬天，对象家在河南岸，因为封河，她提前两天过河住亲戚家。接亲的那一天，他骑着银灰色的马，身上披红，戴着三片瓦帽子，新娘坐着带棚子的马车，走在荒凉的黄河古道上。参加婚礼的人，可以吃到棒子面掺糠皮的馍馍。

时间在韩丕泉的口述中过去，阳光残留窗玻璃上，我很少插话。回忆让他变得兴奋起来，眼睛里没有一点沧桑。

渡口的过去是历史，曾经发生的事情很少有人关心。我看着玻璃窗上的阳光，在回忆中修复原始面貌，在这间会议室中，听老人们的口述。他们的实述客观再现历史，民间口述，比坐在书房中想象更有意义。

一九七一年做的老船还在，韩丕泉与哥哥，解开自家的梧桐树造船。韩丕泉答应带我去看老船，还有父亲开船装钱的柜子。他不无惋惜地说："钱柜子上的锁坏了，再配不上这样的锁。"我记下他的电话号码，想象"小鬼欢气"的真实样子，很多年未下水，只能躺岸上，眺望不远处的黄河，听流动的水声。

我和韩丕泉告别，走出高杜居委会，投身到街头却适应不了。思绪中全是旧事旧人，老渡口和渔船摆得满满当当的。

春风推动我走在回家的路上，身上背的相机中，存储着老人们的影像，珍贵的资料将留给以后的岁月。调整一下情绪，回到现实生活中来。

二〇一一年四月二日下午，我打电话给韩丕泉，约他去看"小鬼欢气"。半小时后，车子驶下黄河大堤，来到了高杜沙滩浴场，这个季节游人很少。韩丕泉出来，手中拎着纸袋。他坐在副驾驶上指路，他在这一带生活了十几年，有很多熟人，地理方位熟悉。车子沿着蒲湖水库走，当年张北公路从湖中穿过，车来车往的情景消失，湖水湮没一切，车轮的印迹被水荡得一干二净，只存在于记忆中。四月的阳光照在湖面上，几只水鸟从水上掠过，岸边小商贩们售卖风筝。车子绕着湖行进了大半圈，我脑海中拼凑着历史上繁华道路的景象。

车子在破旧的路上行驶，韩丕泉指着前面说："这就是老渡口的旧址。"在尘土飞扬中走下车子，眼前一片杨树林所在的地方，原来是几排职工住房，现在什么都见不到了，如果无人指点，不可能知道过去的事情。我站在路边，回忆老人们讲述当年的事情，找出充满野性的劳动号子。

韩丕泉引路，我的脚未迈进院子，狗的狂叫声塞满院子。韩丕泉家人迎在院子里，热情地接待。我急于见到"小鬼欢气"，韩丕泉说："船在那儿。"顺着手指的方向，我看到架子棚下有一艘倒卧的陈旧小船，上面堆积着杂物，几十年脱离水，在陆地上忍受风吹日晒，抚摸船的木质，没有水的湿滑。

韩丕泉从纸袋中拿出一九八八年版的《山东省滨州市地名志》，他说："这里有俺村的名字。"书内页脱落，我翻找韩墩庄的名字。

我从各个角度拍"小鬼欢气"和船棹，镜头中的它们，还是有过去的威风。韩丕泉老人站在一边，看着竖立的棹，重温当主人的感觉。

我在拍照，他的家人找来了韩丕泉的堂哥，七十四岁的韩丕志，他是道旭渡口摆渡轮上的第一任船长。他的身体硬朗，花白头发下的眼睛，充满温情的暖意，我们的交谈从船开始。

韩丕志生长在黄河边上，从小就玩水，他自己家做船，兄弟俩一起驾船，运送石头、粮食、百货等生活用品，往来于济南泺口、惠民、垦利和利津一带。打鱼是一家人生活来源，韩丕志在黄河上打鱼遇过险，差点搭上性命。他不小心掉下河去，被水冲出七八里，在水中绝望，碰上河务局航运大队的船经过，把他救了上来。

一九五六年成立运输合作社，社里搞机械化，派韩丕志出去学习技术。一九六一年做船长，船编号为"渡二"，属于滨县航运社。韩丕志住在道旭渡口的砖房，坐在家中土炕上，看到道旭渡口，夜晚枕着黄河水浪声。

韩丕志说，下雨天马和驴，在跳板上被夹断腿是常有的事。记得有一年，阳信一个生产队的马车，辕马被压死。车把式是老实的年轻人，蹲在一边哭起来，人们不敢让他独白回去，怕有轻生念头，就把他安顿在马车店住下，联系生产队来人。

一天韩丕志当班，站在驾驶台里，看到二运几辆车在渡口过河，年轻司机技术不熟练，面对黄河眼晕害怕，因为紧张误把油门当作刹车，车开进河里。韩丕志见此情景，急忙冲出驾驶台，摘下救生圈，扔给从水中浮出的司机。

冬天寒冷，道旭渡口风大。大雪封过后，河上覆盖积雪，冰冻的河面无法行船。冰薄时用螺旋桨破冰，冰厚必须爆破，破出行船的水路，保证往来于两岸的道路畅通。

几天走访调查，老人的口述，再现了历史上的道旭渡口。韩丕志讲述真实，走进还原的历史里。我找到了摆渡轮上第一任船长，和打鱼的"小鬼欢气"。

我们来到村口，春天的黄河水势不大，静静地流淌。韩丕泉指给我看他和哥哥造船的地方，空旷的河滩上，只有一棵柳树新发的枝叶，透出一抹春天的信息。韩丕泉说："在这儿，造好的船下水，在黄河上玩船享受快乐，尤其是下网打鱼，那时真有黄河刀鱼和鲤鱼，现在难以见到了。"他脸上露出笑容，笑中有一缕纯真，他回到了青春，想着自己当年的样子。

我背对黄河，站在韩墩护滩的碑边，照了一张相留作纪念。我向庄里凝望，做深情的告别，向老船长道一声再见。

我家门前不远处的早市，卖鱼的天天吆喝黄河鲤鱼，没有黄河刀鱼。鱼只是名号，不用问，多是人工养殖，现在很难买到黄河里的鱼。

食材蕴含的历史

闵子骞路的鲁菜馆，我经常在这里请朋友喝酒，交流情感。这条路以孔子高徒、七十二贤中的闵子骞命名。

民间传说《鞭打芦花》，说的是闵子骞，孔子得意门徒，春秋时期鲁国大孝子。他少年时没有母亲，父亲娶后娘，又生了两个弟弟。后娘偏心，对亲生孩子疼爱，对闵子骞刻薄寡恩。在丈夫面前，装出慈母模样，好比亲儿子似的照顾。有一年冬天，后娘给闵子骞做棉袄，絮的芦苇花绒，看起来厚实，其实不暖和，两个亲儿棉袄里絮的丝绵，看上去特别薄，其实暖和，闵子骞从不计较。农历腊月廿四日，父亲带他们三个外出，让闵子骞在前边掌鞭赶车。他在寒风中冻得发抖，缰绳掉落在地上，马车失去控制。父亲生气地说："你弟弟棉袄比你薄多了，也没冻成这个样子。"越说越上火，夺过马鞭子抽闵子骞，鞭子抽破棉袄，飞出的尽是芦花。父亲捏了一下另外两个儿子的棉袄，心里明白了，知道冤枉了闵子骞，大骂妻子不贤惠，决定休了她。闵子骞含泪，跪在父亲面前，哀求父亲不要休后娘。他动情地说："母在一子寒，母去三子单。"休了后娘，他们都可能落到另一个后娘手里，两个弟弟会和自己一样受苦。闵子骞的话感动父母，夫妻和好如初。从此以后，后娘对他们一样看待。

亲朋好友聚会，按照老济南说法："倒上酒，上几个档口硬菜。"上硬菜是上大件的传统含义。酒喝兴浓，老规矩上硬菜"糖醋黄河鲤鱼"，宴席达到了高潮。

糖醋黄河鲤鱼做法讲究，鲤鱼撒盐腌制，涂上面糊。锅烧至七成热入油，提鱼尾滑入锅中。师傅要露手艺，油温不到火候，鱼尾翘不起，热过头外焦里不熟。略炸一会儿，鱼推向锅边，成为半弧造型，翻过来炸鱼腹部。

锅内放油烧热，倒入生姜和蒜末，淋上沸口醋。逼出香味，入清汤、白糖与酱油，烧沸勾芡。鱼油炸变成金黄色，入盘浇糖醋汁，吱啦一声，漫着热泡上桌。《埤雅·释鱼》中云："俗说鱼跃龙门，过而为龙，唯鲤或然。"

泺口镇北临黄河，做菜都是野生黄河鲤鱼。头尾金黄，一身鳞亮，肉质肥嫩鲜美。《济南府志》记载："黄河之鲤，南阳之蟹，且入食谱。"泺口镇厨师受地域环境影响，采用活鲤鱼，在当地有些名气，后传入济南。

二十世纪三四十年代，西门泺源桥东侧汇泉楼饭庄，自光绪十二年（1886年）开业，已有百余年历史。当年汇泉楼饭庄，在江家池街北头路东，坐东朝西老式二层楼，南窗下江家池水，吃饭时能观赏鱼。

江家池，济南名泉之一的天镜泉，以池子主人明代江濬得名。后来换过几个主人，大家习惯，仍然称为江家池，这条街以此命名为江家池街。过去池子里养许多大鱼，泉水清亮见底，不断涌现水泡。原醴泉居酱园在江家池街路西，和江家池相对，是济南老酱园。铺房后边罩棚下面的池子，是一处名泉醴泉。曾经南北流向的小河，向北注入五龙潭，后来小河盖起条石，留二尺多宽池面，养了一条大鲤鱼。由于光线不足，池面又小，看不清泉水深浅，无法观察鱼的动向。

汇泉楼以做糖醋活鲤鱼、红烧面筋、活鱼三种菜闻名，它们还有一绝，济南习惯砸鱼汤。盘中所剩倒入锅内加清汤，把鱼头砸碎，撒上香菜末、青蒜末。胡椒粉多少，看食客口味，浇上泺口醋，倒入碗中。

我一个朋友不管任何场合，吹嘘自己是老济南。每次吃完鱼，大声喊服务员"砸鱼汤"，叮嘱多放胡椒粉。

做糖醋黄河鲤鱼，有一样东西替代不了，就是泺口醋。汇源街形成于清代，得名于刘会岭创办的汇源醋坊。清咸丰五年（1855年），永成醋坊、信诚醋坊有一定知名度，南北泺口醋坊十余家。

泺口，古代泺水入济水交汇处，所以叫泺口。明朝时泺口发展成繁华码头，多地货物由此转运，木材、药材与毛皮等货物在这里集散。各地富商大贾聚集，菜馆酒楼满街市，黄河上楼船往来，气象繁华。一八五五年，黄河经过一次大改道，夺大清河入海，由于地理位置，泺口成为重镇，黄河航运发达，集市贸易兴盛，镇中商店密集耸立，素有小济南之称。这种改变形成食醋制作地，当时有上百家，泺口醋名气越来越大。

闵子骞路鲁菜馆，有几年是我请客地方。前几天外地来客人，想在这里做东，饭馆不知什么原因，早已关门歇业。鲁菜馆糖醋黄河鲤鱼、九转大肠，只是记忆中事情，想起来可惜。

味蕾的冒险

书橱上，有一套苏联作家肖洛霍夫的《静静的顿河》，一共四本，一九八七年漓江出版社出版。

第一本扉页有文友赵雪松签字，"维生存，雪松，一九九〇年冬，元旦前夕。"当时赵雪松在山大作家班读书，我去看望他时，一起去泉城路书店，他买下此套书，送我留作纪念。

我们逛完书店，中午时分。赵雪松请我去芙蓉街，在一家小店吃"大米干饭把子肉"，那是我头一回吃这种济南名吃。后来吃过多少次，觉得不如那次坐在清冷店中，味道深刻。

在济南不吃"大米干饭把子肉"，等于未来过济南一样，它是大众美食。把子肉选取五花猪肉，洗净之后，拿细麻绳捆好，称作一把，害怕煮熟瘦肉脱落，所以叫把子肉。捆好的肉放进酱油中炖，油渗进汤里，肉肥吃时不觉腻。热白米饭盛好，浇上肉汤，把子肉下饭可口。

现在济南大街小巷，无论店铺还是流动摊贩，都写着"大米干饭把子肉"。山东很多城市有"大米干饭把子肉"，不久前，小区附近一家小店，就叫"大米干饭把子肉"。也可来料加工，付加工费。我时常去吃"大米干饭把子肉"，坐在临窗位置，望着街头来往的人流和车辆。店里人不多，想起多年前和赵雪松逛完书店，肚子里饿空，吃"大米干饭把子肉"的情景，找不到当年感觉。

把子肉摊前人们排起长队，盯着瓦罐蒸出的热气。火候差不多，老板打开坛子，肉香弥漫空中。等候的人们，端着一碗大米干饭，趁热连肉带汁浇上，就着汤汁咽下去。把子肉嚼化，回味浓香的滋味。

早年间万紫巷附近有一片义地，东面有水湾，旁边是空地。这里不是繁华的地方，无须税捐，附近农民和商贩来此交易，时间一长，形成固定集市。

一九〇四年，胶济铁路建成通车，济南火车站一带，流动人口增多热闹起来。当时德国人要求清政府在新辟的商埠，划出一块领事驻地，为西洋人专用商场。清政府将这块自发的市场让给德国人，满足他们各种要求，从此以后，万紫巷便成为中西贸易场所。

市场繁荣发展，商贩建起店铺，从流动摊点变成固定经营场所，靠近大水湾，人们给这条街巷取名湾子巷。一九一〇年，湾子巷交给德国人后，取自"湾子"的谐音，改名为万字巷。

后来，万字巷成为日本人的势力范围，他们将"万字巷"改名为"鹤字巷"，在商场内开设二十余家洋行、妓院等。后来日本投降，国民政府接管商场，恢复万字巷称谓。后来人们取"万紫千红"之意，改为"万紫巷"，沿用至今。

清光绪年间，年轻人赵殿龙，在万紫巷一带摆摊，卖大米干饭把子肉。生意不错，有大量回头客，后来传给他儿子，经过父子多年的苦心经营，将大米干饭把子肉做成当地名吃。

赵家干饭铺的大米干饭把子肉，配方独特，灵魂在酱油上。阳光下曝晒渗出盐渍，搅匀再晒。一缸酱油晒成半缸，达到使用标准。另一种食材大米，碎米和沙子挑出来，入锅前洗净，每道工序精心制作。

赵家干饭铺大米干饭把子肉，排队吃一次，回味几天。舌尖上的记忆，不仅填饱肚子，更是文化的怀念。

一九一二年，农历十一月十一，寒冷的冬日，阴霾笼罩古老泉城。一阵鞭炮响后，地上落满红色碎纸屑，带来一缕喜庆。十二路繁华区域内，张书翰创办"正泰恒"饭铺，主营把子肉和米饭。"正泰恒"饭铺后来成为济南餐饮业名店，张书翰凭多年经验，形成以大米干饭把子肉为主的模式。

民国期间，张书翰儿子张效周继承父业，将饭铺迁到万字巷附近，主营大米干饭把子肉，改字号为"正泰恒饭馆"。一九四八年以后，张效周与丁连仁、刁汝杰等人参股，成立私营企业"正泰恒合记"，五十年代实行公私合营后，仍主打大米干饭把子肉。

肖洛霍夫《静静的顿河》，摆在书橱上，我们天天见面，只要有时间，便重读这套书。二十多年过去，我从年轻人步入老年行列。这套书没有因为时代变迁，失去文学史上的地位。大米干饭把子肉不限于当地，山东各地，甚至国内有些地方，可以看到专营店铺。

鱼锅片片

出去吃饭，经常要铁锅炖小鱼，锅壁上烀一圈玉米面饼子，滨州人叫铁锅鱼。经人指点，才知道吃这么久的食物，是胶东鱼锅片片。"片片"是胶东方言，即玉米面饼。

我邻居老家在烟台荣成，来滨州三十多年，还说胶东话。夏天热的时候，坐在小区大门口乘凉，他讲胶东老家的事情，尤爱讲怎么熬鱼、做大馒头。有一天和文友小聚，吃饭回来，他在一棵树下乘凉，老远打招呼。我过去闲聊几句，他问吃什么好菜，我说铁锅炖鱼。话未落地，他急忙改正说法，应该叫鱼锅片片。

邻居老家在烟台荣成海边，父母一辈子打鱼，只是他考学出来。他绘声绘色地讲自己家做的鱼锅片片，当渔船打鱼归来，家里人都要挑选鱼，焖上一大锅，鱼的周围炉上一圈玉米面饼子。饭菜一锅出，方便省时，一家人其乐融融。

渔家大铁锅烧热，蒜、葱和姜爆锅，杂鱼放入锅内添作料，加适量的水。他母亲把发好的玉米面团，不停地团弄，在手中变成扁圆形状。母亲透过弥漫的雾气，把饼子炉在锅沿的地方。锅盖盖上，大火烧开后，小火慢炖，鱼不怕炖得久，过半个多小时，可以出锅。

邻居说书一般绘声绘色，细节鲜活，听他长篇大论。现在很少能吃到大铁锅炖鱼，餐馆里的鱼锅片片，一般平底锅带鱼上桌，锅显得小家子气，缺少气氛。自从邻居讲鱼锅片片，每次吃这道菜，就会想起胶东方言片片。

我老家有类似的菜，不知是否从胶东传入，经过黑土地的改良，东北叫大丰收，也叫一锅出。由于地域的关系，那里不靠海边，面豆角、排骨和玉米，搭配土豆、地瓜、南瓜，沿着锅边贴上玉米面饼子。

主料的改换，映射出不同地域的文化，口味不仅是个人的喜好，它是生长背景的表现。不用开口说话，通过食物亦可猜测出人的出生地。

有一年，单位组织长岛游，坐了半天的客车，下午赶到蓬莱，搭乘发往长岛的渡船。窄小的跳板连接岸边，乘客走上去心情兴奋，一瞬间，人们离开陆地，踏在大海上。

汽笛长鸣，船收起跳板，向海的远方驶去。海越来越宽广，涌动的海水蕴满激情。船尾拖起飞溅的浪花，水汽扑来落在衣服上，留下点点湿痕，鸥鸟随船追逐浪花，迎接远方的来客。

第一次来长岛，被水天一线的大海迷住，在船甲板上，迎着风挟水湿的气息。我急切地张望，想早一些看到长岛。除了海，还是海，机器的轰鸣声中，海浪的翻动中，水湿的眼睛懂得辽阔的意义。

第二天去观烽山，这是长岛的一处景点，凌空展开双翅，鹰的塑像恰似岛上渔民的性格，豪放和勇敢。三百六十九级石台阶盘绕峰顶。足下的石阶，被数不清的人踏过，阶面被磨得光洁。山坡生长野生的树和灌木丛，午后的阳光，洒在深秋的叶子上。我开始时甩动胳膊，迈着有力的步子，豪情万丈。台阶渐陡，登得气有些喘，不时停下脚步，歇一口气，跟不上前

行的大队。我发现一簇野菊花，高兴得不能自已。四面环山的
长岛，深秋的烽山，叶子褪色，树木失去鲜活的色泽。野菊花
的黄色那么高贵，花盘向着阳光。坐在台阶，凝视野菊花，这
么一大片的花，城市难以遇见。不忍心摘一朵，破坏和谐的
宁静。

一天的奔波，回到渔家的四合小院，起风了，白天在岛上
游玩一天，我无法平静，注视窗外的黑暗。听海浪的涌动声，
听夜晚归来航船的汽笛声。长岛的夜安恬，没有城市的杂乱声。

晚饭简单，胶东鱼锅片片、鲅鱼水饺、胶东大馒头，我们
吃得开心。我起身来到院中，海风拂面。明天搭乘头班船离开，
我不知哪年再来游玩。深吸一口气，想大喊一声，让声音漫游
夜的长岛。

胶东鱼锅片片、铁锅炖鱼的叫法不同，相差不多，博得食
者的喜爱。每一次吃，回忆过去的事情，也是生活的一部分。

入口齿馨长留津

二〇一八年，一家人在西南大学杏园过的春节。三十儿晚上，阳台摆供品，祭祀祖先和母亲，其中有从山东带来的真空袋德州扒鸡。

母亲活着时，每次高淳海回学校，她去超市，买几袋真空德州扒鸡，让孙子返学校送同学们品尝特产。回东北探亲，我带几袋德州扒鸡，送家乡亲戚朋友，作为小礼物。

二十世纪八十年代初，我家从东北迁往山东，途经禹城，在火车上，母亲买了一只德州扒鸡，让我们兄妹品尝。有一次在老家与同学聚会，谈兴十足，说起山东特产，讲了亲身经历。他们单位去上海旅游路过德州，从车窗口买德州扒鸡，车开动起来，打开袋子里的扒鸡，竟然缺少一条鸡腿。回山东后，故事给几个朋友讲过，他们听后大笑。

德州扒鸡又谓五香脱骨扒鸡，是德州三宝之一。早在清朝乾隆年间，扒鸡为贡品，供皇帝及皇族们享用。

康熙三十一年（公元 1692 年），有一个叫贾建才的人，在德州城西门外大街，经营一家烧鸡铺。这条街通往运河码头，来往人较多，生意做得不错。有一天，贾建才有急事要办，得外出一趟。他吩咐伙计压好火，不要熄灭。哪知听者左耳听，右耳朵冒。主人前脚走，店中无人管，伙计一身轻，就在锅灶前睡着了。一觉醒来后，发现鸡煮过火，无挽救的办法。贾掌柜把鸡捞出，试着拿到店面上卖，发生意想不到的事情，鸡肉香味吸引许多客人争相购买。客人买鸡后称赞，肉烂入味，骨头酥香。这样的情景，激励贾掌柜潜心研究，改进技艺。扒鸡的最初做法，大火煮熟，小火焖一阵子。

贾家扒鸡突然火起来，没有个名字，长此不是办法，鸡得有个叫法。贾掌柜思量许多日子，想不出喊得响的名字。临街

有位马老秀才，是远近闻名的才子，贾掌柜登门拜访，请求吉
祥的名字。他拿着荷叶包好刚出锅的鸡，走进马秀才家。说明
来意以后，鸡的香味弥漫屋子里，马秀才尝口鸡，回味特殊。
他一边品咂，随便问起做法，顺口吟出：

热中一抖骨肉分，异香扑鼻竟袭人。

惹得老夫伸五指，入口齿馨长留津。

马秀才吟出的诗，主题是好个五香脱骨扒鸡。从此鸡名正
言顺，有了自己的名字。第二年，贾建才带扒鸡去元宵灯会上
卖，销路大开。这个说法真假，我持保留意见，但五香脱骨扒
鸡早有名气是真。

五香脱骨扒鸡不仅脱骨，黄中透红，扒鸡原料也讲究，配
有二十多种中药材。经过浸泡造型，上色晾干，烧油烹炸，入
汤煮制，一系列复杂的工序，才能做出脱骨扒鸡。

我居住的小区附近，长江一路的德州扒鸡店，前店后厂，
现做现卖。每次经过这家店，看到买德州扒鸡的人不断，可见
受人欢迎。听说店主一家人，是从德州过来的，做的味道正宗，

销路不错。

这家店面虽不大，但凭借德州扒鸡的名气，加上店主也会做生意，故而形成了自己的回头客。

一勺虾酱百样吃

　　胶东荣成的蜢子虾酱，以小虾类为主。沾化冯家镇濒临渤海，渔业资源丰富，是鲁北海产品生产集散地。冯家镇虾酱的主料，渤海湾特产小皮虾，俗称虾皮，这种虾，长不大，每年只来渤海湾产子一次，唯有黄河三角洲入海口一带有此虾。

　　二○一三年，我在报纸策划选题，就有滨州东路梆子。高亢优美，婉转动听，原名梆子腔，人称山东吼。木梆子敲击的节奏伴着板胡，本嗓唱法，每句最后一字，用假嗓拔高演唱，发出"沤"字的尾音。东路梆子源于山西同州梆子，明末清初，山西同州梆子的艺人，一路漂泊卖艺，随商船沿黄河东下。他们来到山东谋生和传授同州梆子，由于方言和地方文化的影响，流行于济南东部的同州梆子，与济南以西流行的同州梆子，有较大不同，为了便于区分，济南以东的被称为东路梆子，济南以西的被称为西路梆子。

清朝末年，东路梆子传入冯家镇一带，过去沾化许多村有业余戏班，排练演出的有《探阴山》《高平关》《辕门斩子》《铡美案》《穆柯寨》《杀四门》等一些传统的剧目。冯家镇的傅家村和庄科村戏班，是当时比较有名气的戏班，在黄河南部具有影响力。

我在镇文化站长陪同下，采访东路梆子的传人。冯家镇空气中都有鱼腥味。午饭后，我们参观虾酱厂，当工人打开桶盖，看到平时吃的虾酱。浓郁的虾酱味扑鼻子，人被熏醉的感觉。离开冯家镇，身上似乎有虾酱的气味，几天不散。

我一位文友，她是土生土长的新疆伊犁人，她丈夫是沾化冯家镇的人，从小吃虾酱长大，每次回家探亲，带很多的虾酱。复员的时候，在伊犁可以有一份好工作，却是为了虾酱，依然回到家乡。她在无奈的情况下，只好夫唱妇随，来到这座城市生活。

有一次我们聊天，她说起丈夫对虾酱格外痴迷，几乎离不开它。一年三百六十五天，每顿饭可不吃菜，但不能缺少虾酱。我居住小区的邻居，也有这么一位，只要有虾酱，菜可以节省，如果少了虾酱，日子难熬。

我家买虾酱，只是改变口味。蒸虾酱平常的做法，舀一勺虾酱，打两个鸡蛋，放一点花生油，放入屉内蒸。我在冯家镇学会做虾酱焖丝瓜，丝瓜、虾酱、食盐和白糖，水淀粉适量。丝瓜削外皮，洗净以后，斜切成长条块。锅置火上，油烧至八成热，爆香虾酱，放入丝瓜、白糖和食盐翻炒，加盖焖一小会儿，淋浇芡汁。

虾酱的吃法很多，做各种菜的调味料，又可做出许多菜，如虾酱炖豆腐、虾酱蒸辣椒、虾酱烩三菇、虾酱冬瓜。虾酱，又名虾糕，它是以各种小虾加盐发酵，制成黏稠的酱。我国沿海每年五月以后，小虾产地区均能生产虾酱，滨州的沾化、无棣出产的虾酱质量好。

秋天棒子下来的季节，早市上有卖棒子的。我一次买几穗，扒去叶子，在锅中放水，把棒子入水内，坐上屉，放上一碗配好料的虾酱蒸。

妻子近两年腌辣白菜水平有所突破，她每次回老家，向亲戚和朋友打听辣白菜的做法。用同样的工序，每个人做的味道截然不同。

腌辣白菜不需珍贵的食材，但虾酱不可缺少。做法不复杂，白菜剥掉老帮，洗干净以后，一切为两半，盐水浸泡两天，盐不要放得多，捞出沥尽水分。盐浸时不要沾油腥，否则白菜会烂掉。调作料是关键，捣成末的香菜籽、蒜酱和辣椒混拌。苹果、梨切块放入菜。如果有条件可送进菜窖，现在一般搁冰箱中，如果温度太高，发酵酸味过足，吃起来口感不好。

白露已过，温差变化大，再过几天，又可以腌朝鲜族辣白菜。沉默一夏天的虾酱，马上变为主角。

博山豆腐箱

豆腐箱属于鲁菜，豆腐切成长条形，放油锅内炸成金黄色。豆腐挖空，塞进调好的馅，蒸熟取出，浇上木耳、黄瓜片和西红柿做成的汁。

童年时每逢快过年，母亲会炸一些东西。萝卜擦丝拌面，放肉馅炸成丸子，随意配任何菜。炸豆腐泡和箱子，不能用冻豆腐，必须是新做的。买豆腐是苦差事，凌晨三点钟起来，走出家门。冬天顶着狂风，有时下暴雪，和邻居家的小文，推着自行车，车把和后座挂着铁水筲，去西头豆腐房买豆腐。

去早了，几乎还没有人。豆腐房里的人穿行在雾气中，淌水声，铁盆撞击声，靴子踩水的清脆声，人的说话声，各种声音交织在一起。大门敞开，排不出多少热气，站在门口，灌进的冷风吹身上。把豆腐票和钱给豆腐房人，一块块数放进筲中的豆腐。

豆腐装满铁水筲，小文家的一半，另外是我家的。天快放亮，离开豆腐房不远，买豆腐的人多起来。走出热气缭绕的豆腐房，寒风扑面，我打了个冷战，穿着半大衣，鞋重走路费劲。自行车受重压，不似来时轻松，雪地碾出两条辙印，轮胎摩擦雪发出声响，传出很远。铁水筲中的豆腐冒着雾气，不一会儿，结出薄冰碴儿。

豆腐买回来后，上午母亲抓紧忙碌。馅提前调好，丸子和豆腐箱子的馅，一盆调出来。

灶坑的火烧得旺，大铁锅中倒很多油，香味散开。母亲处理好豆腐，豆腐泡切成骰子块，豆腐箱子略长，往里面打馅。我家原来不炸豆腐箱子，邻居是山东人，他家有这个习惯，后来母亲受影响，做豆腐箱子。吃了多年的豆腐箱子，不知道是博山特产，来山东后弄清楚，它是鲁菜的一种，起源于博山。

影集中保存了一张照片，我来山东的第三个年头，同学吕锡平出差山东，绕道来看我。他乡和友人相聚，我们商量去蒲松龄故居，上高中，我们喜欢看小说，传阅过蒲松龄的小说。参观蒲松龄故居，附近有一家饭馆，我请同学吃饭，点了博山的豆腐箱子。

在山东生活三十多年，吃过许多的豆腐箱子，觉得不如母亲做的味道好，想念不是文字所能表达的。关于豆腐箱子，博山流传一个故事，是民间传说，没有史料考证。

清朝咸丰年间，博山大街南头，有一个张姓人，名字叫登科，乳名唤作张九。他在京城"振泰绸缎庄"大字号里当大师傅。此人聪明，而且能干，技术不一般，在京城有名气，号称"博山厨师第一人"。

大约到了光绪年间，五十多岁的张登科因病回到家乡养病。不到一年工夫，他的病就好了。博山部分商贾，知道张登科是位烹调高手，便与他在当时窑业十分发达的山头合开了一家饭馆，取名为"庆和聚"。

一天，张登科在京时的掌柜到周村去办货，顺路到博山看望他。客人到庆和聚时已是晚上，馆子里准备的菜肴销光，没有像样的菜招待客人。张登科灵机一动，用博山优质豆腐为主料，做一道箱式素菜，主要配料是用炒过的蝇头豆腐、海米、木耳、砂仁粉等装入箱内，整个外观呈箱形，用油炸成金黄色，勾芡后，更有金箱之感。席间，吃腻山珍海味的客人，吃到这道别具风味的素菜时，赞不绝口。

客人问及张登科菜的名堂时，他只好说出实情，客人见菜的形状，又品过味道，脱口而出："真像个金箱，就叫它金箱吧。"在座的一位客人，很是文雅，接过话茬说："按吃法，叫金箱还不如叫开箱取宝更合情理。"

一道美食，留住的不仅是滋味，还有刻骨难忘的文化，不论走出多久，多远，只要吃上它，就会引出许多的情感。

我父亲因工作需要，一九八八年调入淄博文联，当地朋友刘山东，忙前忙后帮助搬东西。中午他请我们吃饭，要了博山豆腐箱子，他说吃这道菜，就正式是淄博人了。

豆腐箱子味美清香，软嫩适口。当地传说清朝乾隆皇帝南巡，尝到博山豆腐箱子后称赞不已。从此以后，菜的身价百倍，客人到博山，节庆佳日，必点豆腐箱子。关于乾隆皇帝品尝豆腐箱子，尚未看到资料，也许今后有机会查阅。

一锅人间烟火味

每年单位体检，定点西城区中医院体检中心。七路公交车经过小区门前，在此设一站点，我没有乘车，而是按老习惯步行。

走到黄河八路，发现新开一家"东北老灶台鱼"。门前挂着大红灯笼，看到这几个字，格外亲切。体检不能吃早饭，且不能耽误过多时间，匆忙地离开。灶台鱼影响思绪，时常想起，恰逢星期六，有大把时光，我和妻子去吃"东北老灶台鱼"。

饭馆规模不大，店内装修呈东北老家模样。进屋看见大红砖墙、红灯笼、老挂钟、柴火灶台，屋顶草帘棚顶。前台旁边架子上挂着东北特产，干豆角丝、干茄子、干辣椒、干土豆、干榛蘑。

单间里是铁锅灶台，机械生产的厨房用具总让人觉得缺点什么。择了菜单上的查干湖野生胖头鱼。服务生说鱼从东北运来，这种鱼头大，加入五花肉味道鲜美。胖头鱼在《本草拾遗》记载："味甘，性温，入胃经。功能暖胃，益髓，祛头眩。主治风寒头痛，脾胃虚寒，食少乏力，肾虚下寒，高血压病，老年痰喘。"

朋友请吃过灶台鱼，每次经历不同。一年在长春，几个好友相聚，去风味小店灶台鱼。好友围灶台而坐，以灶台锅为主，几个凉菜，拍黄瓜、小葱拌豆腐、大拉皮、油炸花生米。我的生肖属虎，友人要了洮南香六楞老虎头，当地人叫"老虎头"。酒产地洮南，北部与内蒙古科尔沁相邻，广告语称"茫茫千里科尔沁，悠悠百岁洮南香"。一片古老土地，有各种珍美宝物，山川灵秀，孕育杰出人才。洮儿河、蛟流河交汇，水资源丰富，水质纯净而甘润。黑土地产的红高粱，籽粒饱满，是做酒的好原料。

洮南香酒源自清末洮南府的"东海涌"烧锅，有一百多年的历史。《洮南县志》记载，清末时，官办烧锅为酒局，科右中旗图什叶图亲王，他在洮南府西太本站开办裕农酒局，并在洮南设置分号，预示买卖如"东海汹涌"，故称"东海涌"烧锅。

一九八三年，我家迁居山东。临行前夜，同学聚会送行，唱的是当时流行的台湾校园歌曲《外婆的澎湖湾》，我不会唱这支歌，只好听他们唱。喝吉林特产洮南香酒，十几个人差不多都醉了。日子寒冷，外面下起大雪，想起明天分别，只有酒解除心中愁思。在长春喝洮南香六楞老虎头，既是对过去的回忆，也是沟通友人间情感。

二〇一七年七月，我又一次来沈阳，去新宾看古城，一六一六年，努尔哈赤在此建立后金称汗。准备绕路清原敖家堡，看和珅的老家，他祖上是辽宁清原县人，清初随清帝入关。

敖家堡是后来起的名字，原名叫黑牛，据说清高宗弘历帝于乾隆四十一年（公元 1776 年）丙申岁，去新宾启运山脚下祭奠清朝皇帝祖陵永陵，御驾绕道悟龙沟，这是赴永陵正道，皇帝见石头形似牛，在庙壁题诗：

怪石峨峨似一牛，安然不动几千秋。

轻风拂体无毛动，细雨临身有汗流。

遍地野草难入口，长鞭任打不回头。

路上行人归来晚，疑是谁家牧未收。

高宗弘历帝说法，一字值千金，从此引用黑牛名字，后来改为敖家堡。

我们从沈阳出发，一路行驶未停，来到敖家堡已中午。乡文化宣传员姓付，请我们在农家乐吃午饭。

中午吃灶台鱼，一铺火炕，另一端灶台安放大铁锅，灶坑烧木柈子。弥漫鱼香气的大铁锅，老式木锅盖现在很难见到了。炕上一张方桌，盘腿围坐在一起，喝瓶中矿泉水。大铁锅中炖鱼和五花肉，放些茄子、白菜、菠菜和粉条等。锅里鱼炖半个多小时，香气在屋子里弥漫，没有吃嘴里，在空气中"品"着味道。

我和妻子坐在假灶台前，不一会儿，服务生端来冒热气的小铁锅，坐到灶台坑中。望着热气缠绕的炖查干湖野生胖头鱼，手中筷子，不知该怎么下去。

西施舌蛤蜊

蛤蜊在滨州不是名吃，多年前姐夫一家从延吉来，清晨逛早市，买几斤蛤蜊说便宜。他养过鱼，又喜欢钓鱼，对水产类熟悉。

邻居说了一个办法，盐水泡蛤蜊，不要用自来水，水温太低，蛤蜊不愿意张口。温水浸泡两三个小时，蛤蜊吐出很多泥沙。中午按山东做法，辣椒炒蛤蜊。

早市的水产区多家卖蛤蜊，铁皮的长方形盒子，约二十厘米高，有一把铁笊篱，里面盛着蛤蜊。买者抄起铁笊篱，伸进水中，看准相中的蛤蜊，从底上捞起。水顺着漏眼滴落，捞出的蛤蜊倒入塑料袋。

滨州地处渤海湾，盛产蛤蜊，名气大的还是青岛红岛的蛤蜊。每年五月，红岛都要举行蛤蜊节。红岛，原名叫阴岛。二十世纪六十年代，阴岛改为红岛，并沿用至今。阴岛的名字，始于秦始皇时期。

二十世纪初，这里还是与陆地不接的岛屿。不过一百多年的时间，大海变成农田，胶州湾潮水隐退，红岛与陆地相连。

红岛地处胶州湾东北部，海域水质优良，泥质滩涂，微生物丰富，适合蛤蜊生长。蛤蜊皮薄肉嫩，吃起来味道鲜美。

去青岛不吃蛤蜊，等于白来，蛤蜊在人们的记忆中，辣炒风味独特。这么好的美食，不会只和辣相配，它在名厨们的手中，用自己的情感，做出一桌蛤蜊宴。二十世纪三四十年代，作家梁实秋先生叫它"西施舌"。他在《雅舍小品》中说，第一次吃到鲜美的蛤蜊："我第一次吃西施舌是在青岛顺兴楼席上，一大碗清汤，浮着一层尖尖的白白的东西，初不知为何物，主人曰乃'西施舌'。含在口中有滑嫩柔软的感觉，尝试之下果然名不虚传，但觉未免唐突西施。"作家梁实秋描述的色香味，调动人的视觉、味觉、嗅觉和欲望，产生吃的念头。老舍先生不甘落后，他对蛤蜊有情感，住在青岛黄县路十二号，带小女去前海滩拣蛤蜊。他写过"出奇的蛤壳是不易拾着的"。

人类学家彭兆荣指出："口味既是生理的，又是文化的；既是集体的，又是个人的；既是感受的，又是审美的；既是日常体验，也是精神享受。"这段话说出口味的本能，由此展现出文化、历史和生态各方面。

二〇一三年，我写《梁实秋传》，五月底去青岛访他的故居，顺便参观萧红、老舍、梁实秋和沈从文故居。文强的老家在红岛，清晨吃完他母亲做的鱼煮面，我们去看红岛渔港，这是青岛最大的蛤蜊集散码头，渔民有句顺口溜："初一十五正晌赶，初八二十三两头赶。"我来的时候，已经过了旺季，早上九点钟，不时有渔船靠岸，船尚未靠岸，商贩和渔民打招呼，开始忙碌地搬鱼和装鱼。那天阳光充足，我们坐在石头上，闻着空气中的鱼腥味，望着交易中的情景。

据当地老渔民讲，蛤蜊好不好，不仅是否新鲜，还与产地有很大关系。红岛蛤蜊和其他地方的蛤蜊不同，外形卵圆，个头比较小。

一九三六年，青岛市发起名胜景点的评选活动，最终评选出阴岛八景，《青岛概览》记载，"青云晨钟、虎首古洞、东山朝曦、千佛观雪、万丈远眺、西岭归帆、草场银海、鹰嘴听潮"，是为"阴岛八景"。

二十世纪二十年代，每天有客轮往返，由市区小港码头至阴岛东大洋。青岛开埠后，阴岛以盐业闻名，三十年代，作家吴伯箫在青岛期间去该岛游玩，一九三五年，写过散文《阴岛的渔盐》。

吴伯箫留下阴岛的风土人情，一幅文字画凝固时间中，从每一个字中，感受当年的生活情景。随着时间的流淌，世间的事情不断发展，它与阴岛八景的命运一样，只能存在记忆中。

清代美食家袁枚《随园食单》，记述韭菜炒蛤蜊肉及制汤的过程："剥蛤蜊肉，加韭菜炒之佳，或为汤亦可，起迟便枯。"强调掌握火候，起锅不能晚，否则变老。宋代由掌禹锡《嘉祐本草》编修的药典，对蛤蜊的药用疗效中说"润五脏、止消渴、开胃、治老癖"。并说"宜煮食之"。蛤蜊壳也是宝贝，用于"清热利湿、化痰饮、定喘嗽、止呕逆、消浮肿、利小便、化积块、解结气、消瘿核、散肿毒"。

　　小时候，一到冬天，大人小孩离不开蛤蜊油。二十世纪六七十年代，人们的生活普遍贫困，手背和唇上搽点蛤蜊油。那些百货和小商店都有卖蛤蜊油，有一年冬天，我去姥姥家度寒假，冒着漫天的大雪，上供销社里买蛤蜊油。我每天往外跑，早饭匆忙地吃完，三舅帮我忙碌起来，棉乌拉里垫上揎软的乌拉草，电线扎在腰间，这样冷风灌不进衣服里。穿好衣服，戴上棉手捂子，我们在门斗的墙上，摘下挂着的爬犁。屋檐垂着钟乳石形状的冰溜子，红瓦落满雪，推开门走进雪地。

　　雪下得大，每天在外和小伙伴玩，手被冻得皮肤裂开，姥姥拿蛤蜊油给我搽，几天后伤口愈合。

　　蛤蜊能做多种菜，丝瓜蛤蜊、蛤蜊粥、蛤蜊豆汤、蛤蜊蒸蛋、油炸蛤蜊。我在青岛吃过一次蛤蜊粥，做法简单易学。蛤蜊用盐水浸泡，吐尽泥沙，蛤蜊表面清洗干净。米放进清水中，加少量盐和食用油浸泡。锅中放入足够的清水，烧开后放入泡好的大米，盖上锅盖，转文火熬半个多小时。蛤蜊和姜丝放入粥中，转大火烧开，蛤蜊开壳以后，即关火。

我在青岛吃过几次，念念不忘，去市场买回蛤蜊做粥。做出来的粥，总觉得味道一般。去年回老家东北，姐夫问蛤蜊还那么多吗，我一笑算作回答，意思当然好多，因为守着渤海湾。

清蒸松花湖白鱼

松花湖东北地区最大人工湖，丰满水电站建成以后，形成山间水库，当地人叫丰满水库。湖面狭长，依山傍水，一年四季都很美。

上小学时，地理老师是吉林市人，他讲过丰满水电站。发源于长白山天池的松花江水力资源丰富，两岸土地肥沃，盛产大豆、玉米、高粱以及小麦。日本侵略者口水挂下三尺长，露出贪婪目光。一九三七年，日本侵占东北时期，开工兴建当时亚洲最大的水电站。松花江鱼类资源丰富，北方淡水鱼的重要产地，松花湖特产"三花一岛"，三花是鳊花、鳌花、鲫花，一岛是岛子鱼，各种名贵鱼名声远扬。

二〇一五年八月，我来到四平看柳条边门，叶赫那拉的故乡。回到长春后，第二天朋友开车，陪我去看船厂和丰满水电站。明清船厂历史陈列馆紧邻松花江东岸，这个地方叫阿什哈达，满语为悬崖峭壁。几百年前，曾是两代王朝造船厂。早在元代，朝廷在松花江流域设厂造船，利用松花江水的地理优势。

公元一四二一年，在朱雀山脚下，阿什哈达山崖上，一位威严可畏的将军，身披战袍，注视远方。山崖立面处，石匠们在忙碌，凿子和石头的碰击声，打破山野宁静。

明朝初，为加强对东北地区的统治，洪武八年（1375 年），成立辽东都指挥使司，并广设卫所。明永乐九年（1411 年），朝廷为实现预期目的，管理黑龙江、乌苏里江和松花江流域的女真各个民族，明成祖朱棣派太监亦失哈率千人，他们来到黑龙江下游东岸特林，建立最高地方行政机构奴儿干都指挥使司。苦寒之地，粮食产量低，农业相对落后，当地民众以捕鱼打猎为生。明朝驻军所需粮食供应不足，依靠辽东和内地补充。在这个大背景下，明朝皇帝派辽东都指挥使刘清，亲临松花江设立船厂，造船实现自给自足。

阿什哈达摩崖上的碑文，记录造船总兵骠骑将军辽东都指挥使刘清，一共来过三次。永乐十八年，率领军队来此地，在此处设立龙王庙宇。洪熙元年领军第二次来，宣德七年领军最后来松花江重建龙王庙。一字一句，记载刘清将军三次来吉林，以及修建、重建龙王庙的具体时间。

顺治十三年（1656年），清顺治帝颁发诏令，调宁古塔将军沙尔虎达到今吉林船营地，创建大清吉林造船厂。顺治十八年（1661年），朝廷从福建调入善于水战的官兵充实吉林水师，缔建一支水师营，为前线大量建造船舰，加强运送军粮，训练水军。康熙十年（1671年），由于船厂所处位置的重要性，增设吉林副都统，"居官谦明，严而不苛"的宁古塔副都统安珠湖奉旨率几千八旗军队，换防来到吉林市，在临江门东一带设置副都统衙门，选址规划修建吉林城。"因船而名，因营而城"，从此松花江边出现一座船营城，拥有"远迎长白、近绕松花、扼三省之要冲、为两京之屏障"的重要地位。

清康熙时期的吉林城，城墙是竖立的松木杆，在东、西、北三面开有城门。同治五年（1866年），吉林城第二次扩建，为适应当时的发展需要，城门增至八个。过去的西门，改为迎恩门，民国十九年（1930年），改称临江门。

二〇一五年一月，我在附近的满族风味酒店，吃中午饭。小菜上了几碟后，一只大铜火锅，冒着热气端上来。空气中飘着炭和酸菜的香味，当地朋友说这是传统炭火锅，里面煮着酸菜和满族的名吃白肉血肠。望着窗外的松花江，回想历史上的事情。

康熙二十一年（1682年），农历二月十五日，康熙皇帝启銮驾离开京城，开始东巡吉林，扈从人马有七万之多。他此次目的不是游山玩水，行围狩猎，而是遥祭长白山。更重要的是视察船厂、吉林水师以及边疆的安全防御。

这是一次大规模阅兵，吉林水师营船舰有二百余艘，冲开波浪，行驶在松花江上。樯桅林立，军旗飘飞天外，士兵的礼仪法度、风纪阵列、武器装备，颇具气势。一代帝王康熙皇帝，高居龙船楼放眼四周，心情浩荡，写下《松花江放船歌》：

松花江，江水清，夜来雨过春涛生，浪花叠锦绣谷明。

彩帆画鹢随风轻，箫韶小奏中流鸣，苍岩翠壁两岸横。

浮云耀日何晶晶，乘流直下蛟龙惊，连樯接舰屯江城。

貔貅健甲皆锐精，旌旐映水翻朱缨，我来问俗非观兵。

松花江，江水清，浩浩瀚瀚冲波行，云霞万里开澄泓。

乾隆十九年（1754 年），乾隆皇帝第二次东巡，在吉林初登船营区的欢喜岭。站在高处南望江城，情感激荡，他开怀盛赞："船营船营，不枉此名，因江而兴，因军而营，因船而名，因营而城，神山圣水，福地龙兴。"三百多年来，吉林城先后重建五次，形成了独特的船厂文化。

我们走高速公路，比较顺利到达。星期一这天休馆日，所有门窗紧闭，大门上锁。看馆老人祖籍山东，说明来意后，他为我等远道来看船厂的人特意开馆。明清船厂历史陈列馆面积不大，但每一张图片、一个人物、一幅画面，浓缩吉林城的发展史。

参观完明清船厂，继续向丰满水电站行进。已经中午，沿路饭店的服务员出来拉客，有的饭店前挂出"野生鱼馆"招牌，真假说不清。我们选择前店后厨的小鱼馆，夫妻两经营。他们做清蒸松花湖白鱼，这是当地名吃。

松花白为名贵鱼，过去是清廷贡品。岛子鱼，又名白鱼。鱼体扁长，肉质鲜美，从古至今，松花江上渔民，江水煮白鱼接待客人。清蒸白鱼有两种做法，以食汤取其鱼汁为主，鱼肉细腻无咸淡味。另一种以食鱼肉为主，清蒸使汤汁浸入鱼体内，属干蒸。

清代许多王公贵族在吉林生活，吃穿住行讲究排场，清蒸松花江白鱼是席上佳肴。一七五四年，乾隆皇帝东巡，农历八月十三，在吉林赐宴庆贺万寿节。据说清蒸白鱼就作为吉林特产名菜，上过这次圣宴。此事为传说，也有一定历史文献依据。乾隆元年成书的《盛京通志》描述白鱼形体特征，记叙白鱼"肉肥而味美，为松花江之特产"，给予白鱼很高评价。

果子楼记载"应进贡品种类数量清单"，一笔笔表明，光绪年间，阿勒楚克、拉林、宁古塔和伯都纳，各地区都有交贡白鱼的数量，所交贡鱼不仅规定量，而且规定尺寸。民间俗话说："三月桃花开江水，此时白鱼肥且鲜。"清末民初，吉林城有名的大餐馆"鹿鸣春""南味斋""北山饭店"，当厨名师都有烹制清蒸松花湖白鱼的绝活。

　　我们坐在小鱼馆中，看到远处松花江，车子再往前走几公里，就是小学地理老师说的丰满水电站。店面不大，几张方桌方椅，女店主热情送来茶水。我想五十年前的事情，地理老师当时是小伙子，穿件蓝色制服，左胸兜插支钢笔。他现在应该七十多岁了，不知现在何方。如果有机会，请他吃清蒸松花湖白鱼，再听这段历史。

跃然嘴间

每次去早市，干货摊上有卖锅包鱼。这种鱼风格独特，加工方法简单，味道与众不同。

二十世纪九十年代，我所在的电视报自办发行，每个星期三，编辑轮流随发行车，早发晚归，往下面各县的发行点送报纸。最远去无棣，这里临海，沿公路两旁，不远处就有临时摊点，卖自家的锅包鱼。我们停下车，买一些带回家。

我有一个同事，他喜欢足球。每一届世界杯的时候，准备锅包鱼，看足球，半夜时分，喝着啤酒，吃几条锅包鱼。在他的影响下，我对锅包鱼有了感情，经常买些回来，读书累了，拿一条锅包鱼干嚼。手染上鱼味，不仅消除疲劳，还会引出对过去的回忆。我在电视报编副刊，刚过小年的一天，星期日在家休息，接海边作者电话，说给我带来礼物。

上午九点钟，我家的门被敲响，从猫眼里向外瞧，作者拎着袋子，站在门口。我把他让进屋里，寒气卷进来。清寒的冬日，他坐早班车从海边赶来，带来锅包鱼作为年货。望着他冻得通红的脸，我感动得不知说什么好。我对锅包鱼的历史了解得不清楚，借此机会，询问在海边长大的作者。由于他本人写作，无棣话夹杂普通话，讲述得条理清晰。

锅包鱼的叫法，对于我始终是谜，同事中好几个家在无棣，他们每次回家，都带来土特产给大家吃。冬枣、金丝小枣和锅包鱼。拉呱时候，我打听这个疑问，他们说不清楚。一年去采访，沿海渔村老渔民的说法，让我觉得比较合理。老渔民说："锅包鱼是当地人的叫法，应该是过箔鱼。"鱼虾混煮后，晒在公路或空地上，过去是苇箔晒鱼。虾皮个头小，从苇箔的缝隙漏下，只剩下熟鱼。

苇箔是以芦苇为原料编织的帘子，可以苫屋顶、铺床，做门帘和窗帘，其用途广泛。无棣苇编业历史悠久，三百多年前，芦苇制成的帘子，已大量销售各地。无棣苇帘做工精细，质地柔软而有韧性，在日本有"铁杆芦苇"之美称。

　　鲁北有丰富的苇子资源，农闲的百姓有打苇箔、加工苇帘的习惯。苇箔生活中不可少的东西，苇箔晾晒物品使用方便，过箔鱼说法不无道理。

　　小雪过后，我在早市上买锅包鱼，这种滨州当地特产不是珍贵食物，吃起来味道独特。

一坛二坛三四坛

正月初七，清晨雨在下，一夜未停。窗外天色阴沉，这样的天气，让节日气氛消失，人心情沉闷。

望着窗外的雨，在阴冷的斗室，打开床上电热毯，读学者王学泰的《华夏饮食文化》。他从中华饮食文化的源头研究，在一篇讲述陶器诞生的文章中写道：

看来发明陶器的直接目的可能是为了盛水，因为人经常需要水，而水是液体，如无器具则很难把它取到身边。

八九千年前，火的使用方法被人类熟练地掌握，促使陶器诞生。原始人在火与黏土的碰撞中发现，经过火烧之后，黏土变硬不易变形。在漫长的生活中，人们经过多次摸索最终发明陶器。

陶器不仅盛水，也间接促进食物的发展与丰富。坛子，指陶土做坯子烧成的器物，不易变质，方便保存。一九三〇年，济南东郊龙山城子崖掘出黑陶片，表明距今四千余年的新石器时代晚期，制陶工艺已达到高水平。清代济南盛行用瓷坛制肉，名为坛子肉，这和上古人的陶烹有关系。章丘在汉代便是冶铁重镇，出产手工铁锅，制造过程中，经过七道冷锻，五道热锻。打造的铁锅不粘食材。坛子和铁锅材质不一样，传热性不同，一个缓慢，一个火爆，当坛子和食材相遇，两种情感交融，发生质的变化，做出的菜味道风格独特。陶器中放进肉，水的多少，火的力度大小，炖煮时间，烹饪讲究，便有了故事。清代文学家袁枚《随园食单》中记载："用小瓷钵，将肉切方块，加甜酒、秋油，装大钵内封口，放锅内，下用文火干蒸之。以两支香为度，不用水。秋油与酒之多寡，相肉而行，以盖满肉面为度。"坛下用稻壳做燃料，慢火煨熟，瓷坛密封严实。坛子火候平稳，不易与其他物质发生反应，煨出的肉香甜松软，色泽红润。

许多地方都有做坛子肉的风俗，这道菜虽不用珍贵配料，但名气很大，其中汉源坛子肉声名尤甚。汉源位于四川盆地与川西高原的过渡地带，大渡河的中游，通往康藏、凉山及云南边陲。古黎州，即今日的汉源。

汉源坛子肉，富有乡土风味。此菜源于农村乡间，因农家活路多，粮食富裕，发展副业养猪。栽插收割季节，农忙人少，既想吃肉改善生活，又怕烹肉时间长，耽误农活。以坛子替代锅，大块猪肉加入调料，投入坛内封口。用柴灰火烧煨，收工回家，启开坛口即可食用。

桂阳坛子肉的做法，不同于四川。相传三国时期赵子龙率军平定桂阳郡，多年的战争，给当地的百姓生活造成贫苦，民不聊生。赵子龙提出减租免赋的政策，鼓励百姓养猪种田，此后，每年家家户户都养过年猪。百姓舍不得吃，摸索出一套腌、炸和炖的方法。明朝之前以巴蜀花椒磨粉，配上姜蒜腌制，辣椒传入湘南地区，使用坛子肉蘸辣椒口感更好。

每次去沈阳，文友们知道我是满族人，请吃满族食品，吃过多家坛子肉。满族人有喜食猪肉的习俗，五花肉切成段，多种料腌渍，连卤装入坛中，坛口封实，小火炖两个多小时，待肉酥烂。

一六三四年，清太宗皇太极将沈阳城改为盛京。皇宫中的御膳房精选五花肉和瘦肉，切成均匀整齐、六分见方的肉块，搭配各种调料，放入御膳房殿前的专用大坛，文火慢炖。这道菜皇上喜欢吃，盛京坛肉由此得名。

民间传说，皇帝经常吃宫中的坛肉，于是想改变口味。皇帝一声令下，人们只有奉旨执行，给御膳房下令，创出新口味坛肉的做法。御膳房厨头为此坐卧不安，逼得走投无路，听说民间有一个年轻师傅，做坛肉一绝，百姓称为盛京第一坛。厨头不顾自己身份，亲自登门重邀，请来为皇上做坛肉。

皇上不知内情，吃过年轻师傅做的坛肉，口味果然与众不同，后来得知真相，立马下令，擢升年轻人为皇室御厨，将年轻人所做坛肉赐名"天下第一坛"。

美好的故事，感染一代代人，在时光中流传，不断添加动人的情节。续记中说，有一年，制作该坛肉的御膳房厨师，家中发生变故，因老家母亲病逝，必须回家守孝三年。年轻师傅向皇上请辞，皇帝感慨地说道："百行孝为先，而汝之坛肉亦为天下一绝，尔甚孝，特赐汝为天下第一孝。汝肉坛为孝坛。"后来民间又有忠坛和礼坛这两种坛肉的说法。

济南的坛子肉，据传由凤集楼饭店创牌。一百多年前，该店大厨拿猪肋条肉，加调味和香料，瓷坛慢火煨。五花肉为主要食材，经过慢煨色泽成棕红，其味浓厚，汤汁熬得浓稠，肉味香熟。济南坛子肉做法不复杂，猪肋肉切成骰子块，投进沸水焯，捞出清水冲净。坛子内放肉块，放入各种调料，倒入煮肉原汤，漫过肉块为准，坛口盖严实防泄气。中火烧开，文火煨几个钟头。启坛后钻出香气，拣出姜、葱和肉桂，此菜大功告成。

老济南坛子肉，最有名的是后宰门街的同元楼。它使用的器具讲究，黑釉小坛子，木炭的微火煨。吃过一次无法忘记，再回头品尝。一个人不论走多远，即使口音改变，离开多久，改变不了的是口味。这是一种文化，潜伏身体深处，流动血脉中。作家蒋蓝说："可以说，口味是人类最深的瘾癖。"这句话精辟，可用肥厚形容。

清炖开凌梭

　　在当地，春季是捕捞梭鱼的最佳时期，俗称开凌梭，春暖冰开后，被捕获的第一批梭鱼，有开春第一鲜的美誉。民间有说法："食用开凌梭，鲜得没法说。"

　　冬季梭鱼潜入深海越冬，处于休眠期，极少进食，腹内胆汁和杂物少。来年春天，暖风吹化冰凌，万物复苏。惊蛰，古称"启蛰"，《夏小正》曰："正月启蛰，言发蛰也。万物出乎震，震为雷，故曰惊蛰。是蛰虫惊而出走矣。"惊蛰后，气温回升，梭鱼群游入海口附近的河道内觅食，是捕捞开凌梭鱼的好时节。

　　几年前，文友老家在沾化冯家镇，请我们去吃开凌梭。途经秦口河，我们停下车，在堤岸上漫步，走出很远，回来写下一些文字。

　　冯家镇在沾化县西北部，北临渤海湾，东依徒骇河，西跨秦口河，交通十分便利。秦口河的名字有来历，它临近秦始皇求仙丹的秦台，流经冯家镇注入渤海。也许归于流传，我站在秦口河的桥闸上，俯瞰河水想找出答案，寻出历史的演绎。它的血脉与这方水土紧密相连，创造出文化。雨水惊醒河两岸的生命，野草拱出地皮，堤岸上柳树的枝丫吐出芽蕾，水鸟儿掠过水面，向远方飞去。

　　据沾化县志记载，一八九二年（清光绪十八年），黄河泛滥，大水至县境入海，冲蚀而成河道，因河西岸有秦皇台而得名，或称大沙河。秦口河与众不同，它发源于黄河，直奔大海，海水和河水在下洼镇融汇，形成潮汐河，这样的河少见。特殊的地理环境，得天独厚的气候，孕育出独特的梭鱼。梭鱼如纺锤般细长，头短而宽，有大鳞，为近海鱼类。

　　清炖开凌梭，以鲜活梭鱼为原料，活鱼处理干净。焯水过后，其两面斜剞十字刀花，入汤锅加配料。出锅后，除去葱和姜，浇上香油，撒上胡椒面。清炖开凌梭，汤呈乳白色，鱼肉质鲜嫩。

　　朋友的老宅，是典型的北方四合院，檩条架在横梁上，托一层苇席，上铺青瓦，瓦上压一长溜黄土。几株衰败的枯草在春风中摇动，预示一年过去。黑漆门经四季风吹雨打，寒风的撞击，露出记忆的纹理。一道道木质情感，记载村中大事小情，目睹走来走去的身影。

　　木门蒙着黄土斑点，雕刻雨的痕迹。新年刚过不久，倒贴的福字，红纸金字仍然鲜艳，使旧院门有了生机。我站在院外看关闭的旧木门，想着文友从小出生于此地。

　　屋子低矮，堂屋的光线不明朗。八仙桌，太师椅，乡间艺人书写的中堂挂墙上。我看到了土炕，急切地奔过去，感受炕的温热。乡村人白天消磨在大地上，余下的时间在土炕上度过。串门的村邻进屋后，脱鞋上炕，说说笑笑，不着边际地闲聊。家人劳累一天，围坐在炕上，交谈一天的话题。人的出生、人的老去、人的情爱，在这铺炕上发生。炕是个大舞台，从很早以前到今天，曾经有过几多悲欢离合。主人沏一壶清茶，没有多余的话语。炕上黄白相间的小花猫注视来客，我拽动一根绳逗弄，它伸出爪子戏闹。笸箩中放着针和线团，笤帚扫去炕上的灰尘，扫走岁月。墙上贴着过年贴的"福""鲤鱼跳龙门"，旧镜框里镶着老照片。

透过旧窗棂，阳光投在土炕上。我们在文友老家，听老人讲多年前的事，吃了清炖开凌梭。

早市上有卖冻梭鱼和咸梭鱼，每次看到了，总想起几年前，在冯家吃的清炖开凌梭，特殊的味道无法替代。我买了几回冻梭鱼，清水缓解，按照当地做法，结果不尽如人意。不同季节的鱼，肉质发生很大变化，手艺再高的厨师，也难以烹制出纯正的开凌梭。

老家味道醋沏小鱼

每天跑完步，从黄河大堤下来，不远处是早市，买些菜回家。今天腊月十二，天气异常寒冷，往日热闹情景不见，冷清的摊位不多，买菜人稀少。

从入口走向不远处，路旁的店铺门前牌子，上面手书"老家味道醋沏小鱼"这几个字，给寒冷中来往的人温暖。这种鱼做法不复杂，却是当地名菜。博兴马踏湖位于桓台、博兴两地之间，早时为平州，春秋时期称少海。传说中，齐桓公大会诸侯于湖区东侧的会城，庞大的军队，数不清的马蹄踩踏，形成巨大凹地，所以谓之马踏湖，也叫会城湖。

湖内港汊密布，绿水清澈，四通八达成网。湖区村落临湖而居，家家傍水通船，门前小桥，院后停泊骟子（船名）。每一道菜皆饱含情感，有属于自己个性，展现不同地域文化。家常便饭，看起来简单，却不是几句话可说清的。从食物中品出的不仅是滋味，更是其中蕴含的文化，从中阅读记忆，追溯精神价值所在。

古人说："靠山吃山，靠水吃水。"湖养育一方水土，一方人，湖中物产丰富。农历七月以后，荷花已经开过，莲子形成，开始长藕。新采的白莲藕用湖水洗净，荷叶包好，拳头击藕，捶碎撒白糖，清香爽口。湖水煮湖鱼，也是一种吃法。取活鲜小鱼，放入砂锅中，细火煨炖，熬干汤汁，味美鲜香可口。

名气较大的醋沏小鱼，是湖区人待客必不可少的菜。小鱼炸透炸酥，趁热装盘，浇醋拌匀，陶盆焖几分钟。然后再放葱花、姜丝、五香面和酱油。二十世纪八十年代，我住在大杂院的平房里。房子坐南朝北，我在西属第二户。第一户主人姓刘，在水厂的水库上班。业余爱好喝酒和打鱼，由于水库是饮用水源，不允许外来人钓鱼。他的工作是巡护水库，保证水安全，给自己带来方便。他喜欢打鱼，而不是钓鱼，利用上夜班的清晨，在水库中撒网。

刘家的墙边有一棵槐树，长得茂盛，枝叶繁旺，夏季投下一片阴地，可以乘凉。清晨飞来的鸟儿栖在枝头，不停地鸣唱，常把人们从睡梦中叫醒。每天打完鱼后网挂树上，一年四季，几乎都有网挂上面，院子中弥漫鱼腥味。他会做菜，尤其是醋沏小鱼，老家在博兴的湖宾，对鱼有特殊的感情。

夏天晚饭，他经常叫我过去喝酒。槐树边摆上小方桌，放两马扎，摆一捆啤酒。菜不复杂，粉皮拌菠菜、花生米，重要的是一小盆醋沏小鱼，清晨从水库打出鱼做的。他手艺不错，做出的鱼味道鲜美，在别处无法吃到。一瓶酒下肚，话匣子打开，平常话不多，讲起老家打鱼的事情。

马踏湖里的船名叫骟子，柏木做得最好。船五米多长，一米多宽，一根竹篙撑，可在港汉子里灵巧穿行，载重达两三千斤。马踏湖中百姓捕鱼，俗称拿鱼，方法各种各样，有下钩、下箔、捕罩和撒网。

有时候，他送过来新打的鱼，告诉做鱼方法。我对做菜的悟性差，按照教法一步不差地做，却比不了邻居做的味道。后来住进楼房，再未吃过他做的醋沏小鱼。其间我在早市买过多次小鱼，做醋沏小鱼，方法背得滚瓜烂熟，技艺未大长，味道多少差一些。不知是火候掌握不好，还是鱼的品质不同，总之原因找不出来。

有一次，我在早市上发现邻居买鱼，和摊主在讲价。这是令人不解的，打鱼人买鱼新鲜事情。可能是他退休了，不方便在水库打鱼，或是年纪大不愿卖力气，图个省事。买鱼和打鱼的感觉不一样，情感发生变化，鱼的新鲜程度差距很大。我在背后望着邻居不想打扰。

清寒中戴着手套，冷气穿透进来。我看着那块"老家味道醋沏小鱼"的招牌，回想起夏天和邻居喝啤酒，吃着他从水库中打的鱼。走进这家店铺，买一些醋沏小鱼，不知味道如何，天寒地冻，这天可不能喝啤酒了。

认识海星

桑岛在胶东半岛是小岛，名气不大。在张炜先生的书中认识桑岛，它的名字，具有浪漫的色彩。

我来到万松浦书院的第二天，和朋友们在港滦码头乘船进岛。桑岛离书院不过几十里水路，隔海相望，恰似美人鱼静卧大海中。船行的速度不快，行驶大海上，群鸥追逐，在船的周围绕来绕去。

桑岛是小码头，停靠的船无大型船，大都是近海捕鱼的渔船。一踏上桑岛，码头的空气中弥漫着鱼腥味，人如同掉进鱼堆里。码头两侧停靠渔船，渔民忙着补网，一些人在装船。也许是海上风大，海域宽广，渔民的嗓门大，浑厚不尖锐，能穿透暴风雨。

　　桑岛上出现大批游客，举着小黄旗的导游，引领游客在岛上游览。我们在岛上寻找那片桑树林，在西部有杂树林，传说中的桑树林变成童话中的美好模样。几只鸟儿在林中对歌，声音不那么清脆，有些沙哑。友人说这是戴胜鸟，我看过介绍此鸟儿的文章，真和它见面，心中一阵大喜。我在林间发现一簇簇的黄花儿，它不同于野菊花儿，友人用胶东口音告诉我这花叫"猫眼棵子"。我摘了一朵花儿观察，野性的清香味扑面而来，花的形状真如猫眼一样。

　　岛上的灯塔孤零零地竖在海边，狂风大作的夜晚，指引多少回家的船。灯塔发出光，暖着出海人的心。灯塔下的黑石，纹理坚硬，在海风的磨炼下，犹同淬火的钢，是做房基和墙基的好材料。我拍一些照片，站在黑石上，看着脚下清澈的海水，水中的船带着梦想，从这里驶向远方。

　　我们在海边修船厂，围着泊在岸上的船，船身伤痕累累，如同经受过苦难的男人胸膛。船在海中承载太多欢乐和痛苦，目睹出生和死亡。离开海水，船帮干裂，有了汲水的需求。在岸上，船失去生命的活力。在海上，不论狂风大作，海涌喧叫，浪尖上的船是勇者，不会被打败。

岛上的老淡水井没有找到，想看石板上井绳勒出的痕迹，尝一口甘甜的井水，除去心头躁气。岛上现在使用海水淡化装置，老井渗出咸味不能再饮用，千百年的淡水井，就这样消逝。我在海边看到一座座坟冢，石碑面朝大海，听着海浪推涌声，注视海上来来往往的船儿。

中午在渔家小院，吃的家常便饭。我第一次吃海星，原来不知道能吃。海星体扁平，多为五辐射对称，体盘和腕分界不明显。

每年秋天，雌海星准备产卵，海星籽呈花瓣状，黏在海星腹部。这时的海星肥美，掰掉海星腿，从中间缝掰开，取出海星籽食用。做法不复杂，海星洗净，烧开锅后蒸十五分钟。海星籽装盘，浇上白醋加芥末。

海星籽可做蛋羹，籽入锅蒸熟，取出海星籽打散。鸡蛋加冷水搅匀，加少许香油、盐和味精蒸。海星和瘦肉一起炖汤，有滋补效果。将海星水泡，食材入锅，水烧开，文火炖两小时左右，加盐调味。

登上船，离开桑岛留恋之情渗在心间。桑岛淳朴的小岛，人们捕鱼出海，过着富足的生活。

鲅鱼水饺

鲅鱼侧扁，体长银亮，背脊有暗色条纹或黑蓝斑点，嘴特别大，牙齿异常锋利。性情勇猛，游动速度快。

每年五月至六月上旬，新鲜鲅鱼上市，买回汆丸子，红烧或清炖，也可家常焖，怎么做都好吃，包水饺风味特别。胶东鲅鱼饺子远近闻名，许多酒店都有这种面食。在胶东新鲜上市的春鲅，做饺子吃是享受。

我书房里，至今有一堆长岛月牙湾的银白球石，二〇〇三年五月，单位组织去长岛旅游。住在农家乐的小院，一间房子住六个人，睡硬板床，同事们情绪高涨，第二天上午去月牙湾游玩。月牙湾位于长岛最北端，湾形似半月，俗称半月湾。青山绿野，环抱碧海清波，长滩铺满银白球石。踏进月牙湾，听海浪的涌动声，捡滩上的珠石，玲珑乖巧，石上天然花纹，让人心潮波动。

玩了一上午，回住处身体疲惫，中午一桌饭菜，把人的情绪推向高潮。胶东馍馍，鲅鱼饺子，肚大馅足，装在盘子里，让人食欲大增。老板站在一旁，看着我们逃荒似的人，不顾自己的形象，吃光一盘鲅鱼饺子。老板笑呵呵说，敞开肚子吃，咱管够吃，离开胶东这个地方，吃不到正宗的鲅鱼饺子。这话不假，不是吹牛。

长岛回来的收获，不仅享受鲜洁的空气，饱看海岛的山光水色，捎回的鹅卵石，也是我的喜爱。月牙湾捡的鹅卵石，形状差不多，色泽不一，透出古老的神秘和性情的坚实。石质光滑，未经雕凿的天然。

十一月的雨，浸透心灵的角落。站在窗前望着雨滴落，白蜡树叶子，一枚枚飘落。楼前的空地，春天邻居种上丝瓜、芸豆、黄瓜。夏天的菜地青翠，引来蜻蜓、蝴蝶，在菜地上空飞舞。经秋风秋雨的吹打，现在完全荒凉。

鹅卵石被摊在茶几上，离开苦涩的海水，生命枯萎。鹅卵石等待滋润的雨，渴望听海浪的歌唱。浩大的海中鹅卵石自由，勇敢无畏，没有虚荣和矫情，不会因为弱小而感到自卑。鹅卵石蕴含野性的血质，它因海而灵，海因它而博大。我在海边捡鹅卵石，只是为了好玩，无法理解鹅卵石。

我找玻璃缸装进鹅卵石，打开水龙头，水花飞溅，撞击鹅卵石发出清脆声。人为制造的声音，缺少震撼四野的激情，缺少远方空旷回音。鹅卵石回归水中，表现纯净之美。一片不大的空间，清水安静，无风无浪，鹅卵石咀嚼梦想，有一天要回大海，不怕旅途多么遥远，多么艰难。我回忆在长岛，美味的鲅鱼饺子，写下这段文字作为纪念。文化学者王学泰说道："随着文明的进步，文化的积淀，这点十分微弱的精神上的快感逐渐衍化为一种精神需求。可见，人对饮食是有多重需求的。"

青岛当地习俗，"鲅鱼跳，丈人笑"。鲅鱼是青岛的时令春鲜，女婿们看望岳丈，要拿新鲜个大的鲅鱼，表达姑爷的诚心。

有一年，我们几个人去青岛，当地文友在"老船长"酒楼宴请，推介鲅鱼水饺。文友老青岛人，对胶东的风土人情了如指掌。各地饺子差不多，胶东的鲅鱼饺子，吃一次，想一辈子。

文友讲起制作特点，选鲜的鲅鱼，鱼肉片下来，去皮除腥味，然后剁成馅。关键少不了韭菜，切成碎末，放置鱼馅内搅拌。朝着一个方向搅拌，鲅鱼饺子口感上，鲜而不腥，软嫩可口。

每次和文强小聚，在我家附近"鸿福水饺馆"。菜单上有鲅鱼水饺，在他面前从来不点，宁可要茴香猪肉馅、韭菜猪肉馅、三鲜馅。文强老家红岛产鲅鱼，吃着这种面食长大，在他面前，等于班门弄斧，最好的办法，不点鲅鱼水饺。

第二辑

淡饭

荷塘月色

○七月十五日

北京

九孔白莲藕

○二月二十八日

滨州

婺州碧乳

○十月十二日

金华

野菜麦地瓶

○四月二十日

滨州

荷塘月色

晚饭是在银泰百货五楼的青年餐厅，坐了一天绿皮火车，身体有些疲惫。中午盒饭有一只鸭腿，看上去就没有食欲，到餐车点了鸡蛋炒黄瓜。

看半天菜谱，点了铁板浇汁牛肉、荷塘月色。我对荷塘月色感兴趣，菜的创制者肯定是文学爱好者，至少爱读书看报。从诗意的菜名，调起人们的想象。饿着肚子，眼前出现月下荷塘，水波荡起银色粼光。这道菜只能在北京，如果离开这里，便失去存在的意义。每当说起荷塘月色，自然想到朱自清散文名篇。

一九二七年七月，朱自清为荷写下一篇文章。那几天他的心中不静，北方干燥的夏天，黏稠黏附身上，无法排释掉。晚上比白天稍好，人们不愿待在屋子里，享受轻柔的凉风，在院子里纳凉。摇动芭蕉扇轰走蚊子。月光洒满庭院，淡淡清辉，有了浪漫诗意。朱自清想起经过的荷塘，满月的光照下，应该有另一番模样。月亮映在荷塘的水中，荷花、月亮和水构出画面。月亮悬挂空中，院墙外马路上，少了孩子们玩耍的笑语声，妻子在屋里拍着闰儿，哄孩子睡觉，传出哼唱的歌谣。夜晚恬美，朱自清不想孤坐院中，披上大衫，关好院门出去散步。

踩着月光，沿荷塘边走上弯曲的煤屑小路。这条路寻常安静，只有鸣叫的鸟声，飞来飞去的蜻蜓，白天来往人很少，夜晚虫声四起，衬出这里的幽静。荷塘的周围，长着很多茂盛的树，绿荫遮天盖地。大多是一些杨柳，也有不知名字的树夹杂其间。如果夜里无月光，小路上布满阴森气息，偶尔有惊飞的夜鸟，扑棱翅膀，打得树枝一阵乱响，让夜行人有些害怕。

煤屑小路走上去，发出沙沙响声。朱自清被夜色诱惑，有了一种冲动，倒背双手在月色下赏荷。每天路过荷塘，哪一棵树的形状，长在什么位置都清楚。"这一片天地好像是我的；我也像超出了平常的自己，到了另一个世界里。"他喜爱家庭热闹，妻儿在身边温暖，看孩子们玩耍。他坐在桌子前，铺开一摞纸，写出自己情感。或者泡一杯清茶，伴着窗外鸟叫，读一本喜欢的书。

一个人沐浴月光下，卸下伪装面具，面对大自然，情感任意流淌，思绪随意飘飞，恢复人本性。水中荷花，塘边树木，草丛中鸣叫的小动物，呈现原始的自然美。在这片地方，烦恼和不快乐，随着吹来的小风飘散。置身荷塘边，欣赏荷花月色。

花梗顶端，托举荷叶在水面上，肥厚的叶子中间，点缀着白花。有的热情绽放，有的含羞打着花骨朵儿。夜晚微风拂过，吹来一缕缕的清香。荷叶一片片挤满水塘，经风一吹，漾出凝碧的波浪。荷叶下的水面，浮着一些绿藻，小品似的水生物，衬托叶子见风情。

有一年夏季，我住在长白山区，半夜时候，被山野中鸟叫声惊醒，爬起来，走到院子里，望着月亮悬挂空中。我被眼前情景惊呆了，在城市中难以见到这么大的月亮，犹如电脑人工制作。夜风扑来，挟着山野草木气息，吸一口身心清净，睡意消失。传来水声，不远处有一条山溪，白天在那里洗菜。望着这轮明月，回想读过的文字，朱自清的《荷塘月色》，在记忆中最清晰了。月亮有阴晴圆缺，从古人开始，富有丰富诗意，呈现生动情感。

一九三〇年，季羡林考入清华大学西洋文学系，他的专业方向是德文。他师从吴宓、叶公超，学东西诗比较，并选修陈寅恪的佛经翻译文学、朱光潜的文艺心理学、俞平伯的唐宋诗词、朱自清的陶渊明诗。严格上来讲也是朱自清的学生。季羡林向朱自清学陶渊明的诗，自然受老师的影响，他对荷花情有独钟，记录花的细微变化。

季羡林的老师，在如水月光下，望着清光倾泻荷花上。淡雾在荷塘升起，梦似的拖着轻纱。偶尔听到露珠从叶子上滑落水中，发出清脆声音，敲打心间。一个满月的夜，淡淡云雾，偶尔遮住，不一会儿露出，阴晴圆缺让人有了伤感。月光透过枝叶筛落，斑驳的碎影投洒小路上。丛生的灌木，映出的剪影洒落荷叶上。

荷塘四周，高低延伸的杂树林，以杨柳居多。它们一层层围住荷塘，旁边小路有几处空地，盛满皎白月光。"树色一例是阴阴的，乍看像一团烟雾；但杨柳的丰姿，便在烟雾里也辨得出。"枝头上是隐约的远山，锯齿形嵌在天边。几滴从树缝漏下的路灯光，显得无精打采。此时的荷塘是蛙的世界，它们或者独唱，或者齐声合唱。树上的蝉不甘落后，它与水里的蛙摽劲儿，比试自己的嗓音。

朱自清在荷塘边散步，想起采莲时景象。江南有采莲旧俗，这是从古时传下来的风俗，到了六朝为盛，从古人诗歌里，欣赏当时情景。采莲大多是少年女子，她们摇荡一只小船，唱着江南小调。那是美好的季节。

诗中有画，画中有诗，有趣的事情见不到了，朱自清发出一声叹息，面对荷塘无可奈何。一九二七年，朱自清二十九岁，未到而立之年，已经是几个孩子的父亲，生活的磨难，没有将浪漫打磨干净。在荷塘月色下漫步，和荷花"风流"一次。

莲子味微苦，在这里变成为象征符号，道出心灵深处的痛苦。从家门出来，踩着月光来到塘边赏荷，只是一个行走的过程，其实是一次心路历程，寻找自己生命的激情。

朱自清遗憾，这么好的月光下，不见唱着歌谣的采莲人，

"这儿的莲花也算得'过人头'了；只不见一些流水的影子，是不行的。"朱自清想念江南，不知不觉间，走在回家路上。突然一抬头，看到的不是采莲船，而是自己的家门。

朱自清轻推门进去，免得发出的响声，惊动睡梦中的家人。什么声息没有，妻儿睡熟好久了。

我沉浸在对《荷塘月色》的回味中，这次来北京准备去朱自清笔下的荷塘，看初冬时节荷塘颓败的情景。冬天阳光下荷塘充满伤感，即使布满诗意，也是凄冷的，令人心疼。

服务员是个小伙子，端上菜，随口报出菜名。我们没有动筷子，察看这个有诗性的菜，荷兰豆、百合、黑木耳和藕片。

四种食材代表不同元素，组合成荷塘月色。创作菜的厨师，让我们在清淡中，找到厚重文化。我想和他交流一下，询问此菜创制过程。他一定迷恋《荷塘月色》，所以创出此菜，用另一种方式表达。

阿巴呼查达

中秋节时，朋友送来一箱牛蒡茶。上午读书累了，泡一壶，既解渴，又保健。我很早认识牛蒡，拿它当玩意儿不知是中药。姥姥家在山区，走在路旁经常遇上，圆锥状伞房花序，摘下几个扔着玩，不知此物的珍贵。

九月，去长白山区，上午在守山人的陪同下，沿着季节线进入七号沟，我认识野胡椒、野芝麻、紫杉、赤柏松、红豆杉的果实。其中路边有小时玩的小球，守山人说，这是大名鼎鼎的牛蒡，当地老人采牛蒡泡水喝。一千多年前，日本从我国引进改良成食物，东洋参，俗称白肌人参，又名牛蒡，东洋牛鞭菜。

明代药学家李时珍称："剪苗淘为蔬，取根煮，曝为脯，云其益人。"牛蒡满语为阿巴呼查达，满族民间常用鲜茎叶捣烂外敷治疗头痛、红眼病，根茎叶晒干后煎水服，治疗胃肿瘤。牛蒡茶含有大量牛蒡苷和木脂素，苷元是抗癌活性物质。美国保健专家艾尔·敏德尔《抗衰老圣典》书中指出，牛蒡深受世界人们喜爱，它能维持人体的良好状态，是温和的营养药草，具有复原功效，促进体内系统保持平衡。

我打电话给东北老岳父，干了一辈子中医，询问有关牛蒡的情况。他说送我的《吉林省常见中药手册》中有记载。一本巴掌大小的绿皮书，一九六九年出版，其中一则牛蒡，别名，大力子、牛子、鼠粘子、野狗宝、老母猪耳朵、老母猪哼哼。从名字上看，这些称谓土得掉渣。山野中的植物，不带一点浪漫色彩。古老的采制方法，鳞茎入药，五月至六月间挖取，去掉残茎、须根，晒干或烘干。如数量多时，可拌小灰，加速吸收水分，待晒干簸净小灰。为保护其资源，要挖大留小。其效用与用量，润肺散结，止嗽化痰。这本小书是前两年回东北老家，去双凤山看古城墙，碰上广东菜，回来向老岳父请教，老岳父送我的一本药书。泛黄纸页中，保存着那个时代的气息。

历史和时间在书中相遇，将我推到遥远的过去。我一边翻书，想山野中的牛蒡。

　　人们称牛蒡为清血剂，台湾民间将牛蒡作为补肾和滋补妙品。经常食用牛蒡，促进血液循环，清除肠胃垃圾，润泽人体肌肤，对降低胆固醇和血糖有一定作用。

　　朋友送我牛蒡茶，小箱中有三个黑色铁皮桶，上面印有产品信息。打开盖子，牛蒡气息扑来。这个秋天牛蒡茶陪伴，读了许多的书。

黄土塬的苹果

一

　　带着一身水湿气，走出电梯，直奔自己住的房间。房卡放在电磁感应区，两秒钟后，听到声音提示，转动把手。八月的陕北，秋雨蒙蒙，大地湿漉漉的。推开房门，里面光线不明快，房卡尚未插入墙壁卡槽内，房间不能通电。

　　一束植物光投来，我眼睛受到"惊吓"，眨了一下，顺着光线追去，发现茶几上，精致的瓷盘中，摆放五枚苹果，色泽鲜艳。四个平铺下面，上面坐一个呈塔状。从延安出来，雨中行程两个多小时，除了雨染湿心，它让情感为之一动。

　　苹果长得无特殊之处，感觉一点不同，就是地域文化迥异，陕北洛川是黄土地的塬。目光撞在苹果上，回荡的光波中，弥漫苹果气息。嘎啦苹果执着地进入视野中，它离开黄土塬，不忍心告别茂密枝叶。

放下拉杆箱，坐在茶几边的沙发上，望着盘中的嘎啦苹果。每年八月是当地苹果上市的最好季节，陕西苹果主要集中在关中和陕北两地，陕北洛川苹果比较有名，通过形象和味道，从中提取历史踪影，另一方面是审美和鉴赏。对苹果的滋味如何，品尝过程中，唤起沉寂的记忆。经受果子色彩和香味勾引，产生吃的欲望。从品到感受的过程，不仅身体享受，它提出问题，即对食物进行深刻分析和追寻。

人的口味不是先天形成的，而是与生活模式、地域环境和个人经历有关。

来延安之前，读春草词人谢堃《花木小志》。他好游历，"虽寒逐饥驱之窘迫"，足迹遍及各地。除了在旅途中能体验"自然之气，悠然自得"，他对植物亦颇有研究，记载多年走南闯北遇到的一百四十多种花木，其中有关于苹果，"树劲枝繁，花白而香，亦有粉红花者，果大如碗，甜脆香酥，最耐咀嚼"。

他没有去过陕北，当时那片土地上，还没有种植苹果。

古时奈、花红，或和苹果相似的水果，被人们认为是土生苹果。汉武帝时，上林苑中栽培林檎和奈另有作用，不是食用的水果，摆在床头当香熏，或放在衣服中做香囊。元朝时期，苹果从中亚传入中国，只有宫廷才可享用。

"苹果"一词来源于梵语，是古印度佛经中所说的水果，称谓"频婆"，以后被汉语借用，并有"平波""苹婆"的说法。明朝万历年间农书《群芳谱·果谱》，有关于苹果的记载："苹果，出北地，燕赵者尤佳。接用林檎体。树身耸直，叶青，似林檎而大，果如梨而圆滑。生青，熟则半红半白，或全红，光洁可爱，香闻数步。味甘松，未熟者食如棉絮，过熟又沙烂不堪食，惟八九分熟者最佳。"我国果树史专家一致认为，这是"苹果"一词，在汉语中最早出现。

清朝以前，河北、山东各地种植土生苹果，产量不大，果实小而皮薄，味道甜美。由于苹果品种原因，不好储存，容易损坏，所以昂贵，当时北京旗人用作贡果。十九世纪七十年代初，毓璜顶东南山坡有一片果园，主人美国牧师倪维思。

一八七一年，从美国返回烟台，他从家乡纽约州带来十几种苹果树苗，青香蕉、红香蕉为主品种，后来又引进小国光。民国时期以后，国外品种苹果在市场上占主要地位，土生苹果逐渐被淘汰，种植范围萎缩。

采访团一下车，工作人员给每人发一个纸袋，里面装有《洛川苹果文化——理论卷》，两本《果乡风》杂志。李新安和洛川苹果，第一次出现。

洛川县位于延安市南部，秦、汉置鄜县，魏、晋匈奴入据，后秦姚苌建初八年（393 年）划鄜县北部置洛川县，因境内洛水得名。

科学家推测洛川塬的黄土层，陕北盆地的内陆湖，在地壳运动中缓慢变成陆地，距今二百多万年，气势猛烈的西北风，扫荡西伯利亚高原和鄂尔多斯台地，裹挟塞北沙漠的沙尘南下，一天天不断积累，在陕北堆积出山沟交错的黄土高原。

古老洛川塬，保存完好无损的黄土塬面，地貌不寻常的奇观。《尚书》《诗经》《史记》《汉书》《山海经》记载，原始农牧业产生之前，这里大部分为天然植被所覆盖。原始农牧业出现，家畜饲养变化过程，农业工具改进，对这个地区产生影响。河谷平原与黄土台原地势平坦适于农耕，天然植被加速遭受破坏，被农耕植物代替。

随着时间发展，古气候改变，暖湿气候带来丰富降雨，以及强风吹削，水土流失十分严重。长期土壤侵蚀，形成黄土高原特有的地形地貌如峁、梁和塬。陕西洛川塬与甘肃董志塬，保存没有损坏的原始面目，洛川塬为最大一块。

洛川黄土古塬，学者对洛川进行详细调查，并确定渭北高原，有一条独具优势的苹果最佳生产带，而洛川处在核心区域。洛川苹果果形美好，个头大且均匀，果面色泽鲜嫩，肉质脆嫩，而且含糖量高，耐贮藏。黄土地和嘎啦苹果，我无法联系在一起，也不相信贫瘠土地上能长出这么漂亮的苹果。

说起洛川苹果，离不开李新安这个苦命的孩子。一九一九年，李新安生于洛川县城北三十里阿寺村，他经过多年努力，改变了这片土地上人的命运。

我不忍心破坏苹果安静的美，拿起一枚苹果，皮肤和苹果接触，情感有了微妙变化。每一枚苹果都是生命，有它的故事和秘密，端详它，总想寻找留下的脚踪，找出背后真实，这不是在一定逻辑下的虚构，现实没有逻辑可言。

在洛川宾馆，我遇见洛川苹果和李新安的故事，对陕北看法彻底改变。

二

采访团一行人在雨中，走进永乡镇阿寺村，可看见"中国苹果第一村"的标识。在阿寺村墙上，画着苹果种植、疏花、修剪、套袋，街口铜像以苹果为主题，小巷以苹果品种命名，街道两边垃圾桶都是苹果造型。在阿寺村不仅土地上种苹果，人们日常生活，无处不有苹果元素。

阿寺村在洛川县永乡镇东南五里处，因为村建在阿斗寺院，由此而得名。始建于明成化弘治间，单一李姓血缘村落，他们来自哪里不知道，只记得来自山西大槐树下，经过漫长迁徙之后，来到了黄土塬，栽种槐树寄托思乡之情、念祖之意。表达从此后，要在这里扎根，繁衍后代。历经岁月风雨沧桑，仅存两株槐树，已有七百多岁。大集体时期，村队部的大铁钟悬挂槐树枝头，槐树下是村子的活动中心，人们在树下商讨村事、叙说古今，同时也交流情感。

八月时季，陕北的秋雨，使干燥的空气湿润，苹果树鲜活，挂果枝头呈现生机。李新安起始园里，当年在阿寺村种植的第一棵苹果树，生命力仍然旺盛，接连成串的硕果。阿寺村采用先进嫁接技术，使第一棵树的生命延续。

旧时洛川婚礼习俗，不拜喜字，而是拜双雁，屋子里放着枣枝。姜献琛，陕西城关镇人，光绪二十三年（1897）丁酉科拔贡，人们称为姜拔贡。其著的《洛川乡土志》记载："新妇下轿，即用枣枝，上栽核桃、大枣、面兔，扫帚上栽纸花，名为'拉花头'。然后扶新妇，手携面斗以入，即于庭前拜天地，则奠雁礼也。"由同辈亲朋中口才好的人，开一些喜庆玩笑，说吉祥话，手执枣枝和扫帚，唱一曲古老《拉枣枝歌》：

荞麦三棱，麦子尖

十里乡俗不一般

桌子翻过腿朝天

红布蓝布围一圈

红顶子，绿绰檐

轿穗子，裤腿子翻

桌子圪坶入麦秸

麦秸上头铺棉毡

竹子杆，绑两边

四个轿夫抬得欢

走一岭，转一弯

苏铃响，马叫唤

不知不觉到门前

一九三八年，在歌声中李新安和王兰畔结婚，意味着从此要养家糊口。李新安心里明白，靠种庄稼只能勉强维持活着，一旦碰上大灾年或不断的战争，老百姓将难以生存。他面对黄土地思索怎么变化，才能让家人吃上饱饭、过上好光景。

一九四三年，李新安下定决心，去外面闯荡，见见世面，改变封闭的困境，跟随亲戚去河南灵宝，做了他的勤务。两年后，部队换防，亲戚屈伸送李新安到焦村大地主李工生家果园，学习苹果栽培和养蜂技术。生活的艰难困苦、繁多而沉重的劳动，没有压垮年轻人信念。李新安在生产过程中，记住每处环节，认真揣摩，用心专一学习。有一天，他脑中冒出一个想法，洛川和灵宝虽相距遥远，但处于同一纬度，自然条件大概相似，能否在洛川种植苹果呢？在当时环境下，这种想法很大胆也很冒险。前思后想，他被自己"荒诞"念头捕获，借钱租地，在异乡他土，培育四亩五分地的苹果树苗。

八月陕北的雨，洗净干燥，空气湿润。我们在墙上宣传栏，看着历史上的李新安。毛驴的蹄声，似乎在雨中响起。这个陕北汉子，当年不辞艰辛困苦，过潼关、闯铜川。他一路风尘，随行两百棵支棱八翘的苹果树苗，一棵棵结着梦想，回到梦中故乡土地。

一九四七年，为推翻国民党统治，解放全中国进行的战斗中，李新安带着培育的两百株果树苗回到洛川。他坐火车来到渭南，又怕拖延行程，便买了一头驴子驮树苗。这头驴子一身灰褐色毛，头大耳长，四肢瘦弱，身体不大，性情温驯。它是劳动的好帮手，在陕北人生活和习俗中，它具有不可替代的位置。陕北人赶上毛驴，就有唱不尽的信天游。

一道道山来，一道道川

赶上毛驴走三边

灰毛驴上来灰毛驴下

莜面饸饹山药蛋

过去在陕北的峁、梁和塬，毛驴是常见的牲畜。它用于田间劳动，牵碾拉磨，远处运输，也可供人坐乘。

李新安一路辛苦，路经关中平原与陕北黄土高原接合部的宜君，眼看着进入陕北地界，却被国民党军抓住，借此敲诈，让李新安给他们运送行李。

李新安无任何办法，拿出身上所有钱送给当兵的，保住这批树苗。他怕再有意外差错，不敢多休息，不论黑白变换，拖着疲惫身体，走到离家不足十五里地的寺家河，这头驴撑不住，活活累死了。只好借认识人家的驴，才把树苗驮回阿寺村。

　　李新安在外几年回来，消息传遍全村，亲戚和乡邻都来看发财没有，带回来什么稀罕东西。

　　李新安在外奔波，算是见过世面的人，在学习种植苹果后，越来越相信此物的价值。他不嫌麻烦地解释，反而引来嘲讽。家族中对他的举动，阻力相当大，没有一个人同意——尽是胡闹哩，闹不好，要家饿死哩。由于看法不同，分歧太大，李新安费尽口舌，最后还是和二叔分家，用自己六亩七分地，建起洛川第一片果园。

　　墙上的画，一头行驴，一捆苹果树苗，这对于当时思想落后的黄土塬上的人，不仅是种和不种的思想斗争，而且是一场传统农业和现代意识的革命。从此在这片贫瘠土地上，一棵棵苹果树苗，如同绿色星火，在黄土塬上燃烧。

　　洛川解放后，李新安背着苹果树苗到处叫卖，根据当地情况，编出宣传苹果树顺口溜。老一代人清楚记得，只要遇上人，他就介绍种植苹果的好处，还有人说，二十世纪五十年代，在乡村土墙和电杆上，贴有他用钢笔写的《劝君栽树歌》。集会上，他利用受群众欢迎的快板，说唱栽苹果树的好处：

劝君眼放远，让我来宣传，要想富，先栽树。

沟边种槐柳，地里栽果树，苹果树，摇钱树。

远山高山森林山，近山低山花果山。

一九五九年，阿寺村果园发展到三百三十六点四亩，全县苹果种植面积达到一点七万亩，一举成为苹果县。一九六〇年，阿寺村已经繁育三千多株苹果苗，除本村三百多亩果园自用外，其余都供给外村外地，县里多个村子有了自己的苹果园，而且邻近各地，也从阿寺村引进苗木。

一九五六年十月，《延安报》发表李新安《苹果与幸福》的文章。一九五七年四月，他被推举到北京参加全国农业展览会。

我们在雨中打着伞，走进李新安的故居，感受洛川人民为什么称他为苹果之父。李新安塑像前，采访团一行人听取对洛川苹果发展历程的介绍。雨中李新安塑像更显得精神，他注视前方，仿佛在思考苹果的发展方向。

三

雨使洛川小城湿润，清晨起来，望着窗外街道。我离开宾馆，开始每天晨跑。街道经雨洗涤，空气潮乎乎的，路上行人稀少。顺着宾馆前街向东跑，在十字路口，另一侧有广场。

入口处新安广场和硕大的苹果标志，代表这座小城，也为了纪念李新安，县城中心公园命名为新安广场。

我站在标志前，想起昨天雨中探访阿寺村参观苹果园，对苹果之父致敬。广场上晨练的人较多，跳广场舞的领队是中年妇女，伴舞曲子《南泥湾》。在红色革命圣地，听着熟悉红歌，回味在洛川所听所看到的情景。

一九四七年，李新安带着自己培育的两百株果树苗，经过漫长旅途回到洛川。这一切停留在时间深处，它成为历史记忆。当今苹果是全县经济支柱，也是老百姓实现富裕主项，在党和政府领导下，苹果做成大产业，洛川苹果闻名世界。形成"一县一业"发展模式，由落后的传统手段，升级为前生产后加工的产业。

通过智能选果线，每枚苹果的大小、糖度、颜色、瑕疵等指标，都能够出现电脑上。机器分级，同时分拣，每一个苹果找到自己位置。洛川苹果从扩大种植面积的传统模式，走向高新技术和品牌战略，以及苹果旅游多元化的路子。

一九八三年五月二日，苹果之父李新安去世，他没有给儿孙留下财富，却给洛川人民留下了巨大的苹果产业。

我对这位陕北汉子充满敬意，离开新安广场，站在苹果标志前，深情地告别。回到洛川宾馆，整理行装，注视盘中剩下的两枚苹果。拿起来，感受皮肤和苹果摩挲的感觉，决定带走它们。

甘甜的醉枣

文友来书房闲聊，送一瓶老家做的醉枣。他走后我打开盖子，酒香挟着枣香扑鼻。我随手取出一颗投进嘴里，满嘴醉枣的味道，提起精神，人兴奋起来。

文友来电话，问醉枣味道如何，过几天再送一些，我连忙致谢，说他家的醉枣有风味。拿出装醉枣的瓶子，里面满满的，除了当时取出一颗，基本原封未动。

冬日的风在窗外呼叫，屋子里集体供暖。我打开瓶盖，醉枣香气升起，在屋里弥漫。从瓶中拿出慢嚼，品味酒和枣秘密酿造。枣堆积瓶中，保持鲜枣的色形，枣香酒香相融，甘甜酥脆，没有经过腌制的枣无法相比。

"五谷加小枣，赛过灵芝草。"金丝小枣被人视作上等补品，素有"日食仁枣，长寿不老"的说法。金丝小枣可生食，亦可制成各种传统黏食品，还可作药用，还能制成醉枣。

俗话说："七月十五红圈，八月十五落竿。"其中的"落竿"，指收获果实。阴历七月十五，"红圈"鲜枣果柄外缘，周边部分转红，一些处乳白期，另外的还在挂青。沾化和无棣枣乡，盛产金丝小枣，个大核小，皮薄肉厚，吃起来清脆可口，金丝粘连拔出金丝，这是金丝小枣名称的来历。

冬日清寒，沾化和无棣的乡村大集上，有许多卖醉枣的。我几个同事是无棣人，每年做醉枣送给亲戚朋友。

有几次枣下来的时候，我按照同事介绍的方法，做过几瓶醉枣，觉得不如他老家的味道。好的醉枣开坛取枣，屋子里游动酒枣的香气。鲜枣经过酒的熏制，肉质发生化学变化。外表保持枣的色泽，水分丰富，果形饱满。放进嘴里，醉枣的香甜浓郁充斥舌尖，酒和枣交融，形成独特的滋味。

鲁北的乡村，人们都会制作醉枣。九月下旬，鲜红金丝小枣缀满枝头，一颗颗招人喜爱。原料好坏决定醉枣的质量。选出来的枣儿，置放阴凉处，几天后更加成熟。接下来进入加工阶段。大锅里添上井水，箅子上铺水湿麻布，枣儿摆麻布上。先是猛火攻，然后文火，直至火苗熄灭，闷一会儿。

枣儿遇高温发生变化，外皮褐色泛着水珠，凉透后入坛。装枣坛子为最好，瓶子也可以，加入白酒封存，置于阴凉处保存。

二〇一六年七月四日下午，我在家中读《时代的精神状况》，被门铃声打断，开门一看，是八十岁的王朝阳老先生来访，他骑着电动三轮车，专程送醉枣。他说自己做的醉枣，就是为了送文友。他祖籍无棣东王村，师范学校毕业当了教师，从事所热爱的教育事业。一九六三年，为了响应祖国号召，报名支援边疆，来到了内蒙古牙克石，在那里工作十年。一九七三年，又来到大兴安岭深处阿木尔。

七月鲁北平原，天气燠热，老先生穿着白短袖衣服，戴一顶凉帽，精神充沛，我们聊起在东北的旧事。他讲起在阿木尔林业局，有一次进山采蘑菇迷路的故事。

王朝阳老先生走后，望着桌上那瓶醉枣，我来到滨州三十多年，对于醉枣有情感。

115
第二辑 淡饭

盘中生精神

在敦化时，刘德远在一家风味酒店，请吃一道炒三干。典型东北菜，三干是豆角干、土豆干、茄子干。家常小菜，不是名贵菜，吃一次不会忘记，特意打电话询问菜的做法。

进入秋季，东北人晒干菜，为漫长的冬日储备蔬菜。现在晒干菜的少了，物流业发达，尤其是大棚的出现，整个冬天保证蔬菜供应。过去秋天，每家每户贮存几百棵大白菜、土豆、萝卜，到了春脖子，菜还是断顿，有几天靠咸菜度过。茄子裤的味道，那是最好吃的干菜。

我家养成习惯，秋天每次吃茄子，扒下茄子裤晒在窗台，干后收入筐中，冬天肉炒茄子裤，味道独特。大多数人不知道，随手扔掉很可惜。冬天茄子裤是道好菜，晒干的茄子裤，水泡发开，茄子裤炒着吃，甘甜软嫩，嚼起来有类似蘑菇的口感。茄子裤听名字，许多人认为是茄皮，其实误解，而是把儿和茄子间的托儿。鲜茄子有刺，摘茄子裤时容易扎手。摘出茄子把儿中间的硬秆，十多斤鲜茄子裤，才能晒一斤干的。

茄子，江浙人沿用宋代叫法，称为落苏，广东人更是想法奇异，谓之矮瓜。茄子为一年生草本植物，有圆形、椭圆、梨形，各品种不同，食用方法多样。

茄子起源于亚洲东南热带地区，古印度是最早驯化地，至今仍有茄子的野生种和近缘种。茄子中世纪传入非洲，十三世纪以后，又传入欧洲。十六世纪欧洲南部栽培较普遍，十七世纪遍及欧洲，后进入美洲。

我国栽培茄子历史最长，品种众多，大多学者认为我国是茄子第二起源地。西晋植物学家嵇含，撰写的《南方草木状》指出，华南一带有茄树，这是最早关于茄子的记录。宋代药物学家苏颂，在其《图经本草》记述，当时南北有紫茄、白茄和水茄，南方有另一种藤茄。

江浙人称茄子为落苏，有一个传说。战国时期，吴王阖闾有一个患腿疾的儿子。有一天，他听见卖茄子的吆喝，由于距离的原因，听成是"卖'瘸子'"。这个打击太大，他向吴王哭诉。吴王心中有数，亦未戳穿，看见帽子上的两个流苏，如同落下来的茄子。他发令告知天下，从今往后，"茄子"一律改称"落苏"。这件事情，宋代诗人陆游研究文献和历史，根据资料考证，在他的《老学庵笔记》中指出落苏的故事，时间有出入，可能发生在"五代十国"的吴越国，而不是先秦的吴国。

我家晒茄子裤是受祖父的影响。那时我们住在龙井文化馆的老房子中，前面是市场，祖父每天去转悠，捡丢下的茄子裤，回来洗干净，铺帘子上在阳光下晒。干后的茄子裤，装在布袋子里，挂在仓房的墙上。冬天家中只要买肉，他拿出茄子裤，在水中泡，炒一盘茄裤肉丝。

茄子的做法很多，清朝的文学家袁枚在《随园食单》介绍茄子的做法："将整茄子削皮，滚水泡去苦汁，猪油炙之。炙时须待泡水干后，用甜酱水干煨，甚佳。"袁枚在南京筑建"随园"，自称随园老人。每品好菜记下做法，他对饮食有独特的理解，写下《随园食单》，没有记叙东北菜。可能和地域有关，东北苦寒之地，人烟稀少。冬天漫长，户外天寒地冻，寸草不生，吃菜变成大问题。所以要早作准备，晒一些干菜，免得闹饥荒。

秋天是令人愉快的季节，各种青菜丰富，多余的菜晒成干菜贮藏起来，留到冬天吃。在寒冷的冬天，一盘干菜，加一点肉丝爆炒，香味醇厚。晒菜的日子让人心烦，菜早上端出去，太阳落山收回。一经雨淋发霉，要全部倒掉，所以看天气，听半导体收音机的天气预报。我家有农村普及手册，关于天气的谚语，我都背下来，什么"燕子低飞，虫过道，大雨不久就来到""钩钩云，雨淋淋"。我家院子小，干菜晒到仓房顶上，我每天爬上爬下，房顶的瓦不是机制瓦，而是薄铁皮压制的带棱瓦。黄昏爬上晒了一天的房顶，铁皮和菜也有温度，干菜收好，用绳子系着篮子放到地下。在这上面，大多晒的是不容易挂的菜，豆角、黄瓜、角瓜、辣椒。晒茄子有刀法，最好用电工刀，刀尖磨得锋快。茄子扒去根部的茄鞘，刀从顶划到底，从底划往顶上，不能划断。加工的茄子搭在绳上，一串串省去空间。划得好的粗细均匀，挂在那儿漂亮，茄干晒好后，捆起来便于保存。茄子裤是个宝，自然不能丢，这是我家的传统。晒好的茄子裤，单独放袋子里，不能和茄干混在一起。

冬天的气温降到零下三十多度，炕烧得热，大雪掩盖一切。一家人坐火炕上，围在方桌上，炒一盘茄子裤肉丝，酸菜炖边白肉，炸干辣椒瓢，热的辣的令人胃口大开，吃得浑身冒汗。坐在炕头的人，屁股垫上枕头，可口的菜，大人免不了喝几口小酒。

除夕夜，除了包饺子，放鞭炮，领压岁钱外，还有一桌子丰盛的菜肴。干菜必不可少，它们纷纷出场，色泽不一。这个习惯延续至今，茄子从不丢掉茄子裤，摘出中间硬秆，晒在窗台上。次数多了，茄裤数量大起来，收在小筐中，等待冬天的到来。

辣椒焖子

　　东北有句歇后语："大拇指蘸酱——自己吃自己。"说得俏皮，又形象，这句话一般人想不出来，此人一定有二人转底子。人们煮熟黄豆，将面和黄豆做酱块，用纸包好存放发酵。冬天寒冷，酱块保存良好，不会轻易变质。下酱时为了避免过于咸，需用手指蘸酱，品尝咸淡，随之产生歇后语。

　　唠起家常小菜，提起辣椒焖子，典型东北特色菜。它没有固定模式，各个地方做法差不多。

　　秋天苞米下来，我家隔一两天烀苞米。打三个鸡蛋，青尖辣切丝入酱搅在一起，放入锅中，随苞米蒸熟。一锅端出，有饭有酱吃得舒服。做辣椒焖子酱重要，"百家酱，百家味"。民谚表达出人对酱的依赖，同时说出，每个人做酱感受不一样，情感不同。我认为做辣椒焖子还要原味原配，要用东北大酱。其中奥妙不是语言能说清，甚至理论上无法弄明白。这是情感起作用，是厘不清、说不透的。

民间传说，酱是范蠡创制而成。他十七岁时在财主家管理厨房，意外得此启发，发明美味可口的酱。西汉元帝时代黄门令史游，写的汉代教学童识字的《急就篇》记载："芜荑盐豉醯酢酱。"唐代颜氏注解中说："酱，以豆合面而为之也，以肉曰醢，以骨为肉，酱之为言将也，食之有酱。"古代各种调味品中，酱居于主要地位，我国食脍习俗，最早远溯至先秦时期，唐宋尤为盛行。食脍要用芥酱，吃煮熊掌，就得有芍药酱。《论语》中所记"不是其酱不食"。东汉泰山太守应劭辑录的民俗著作《风俗通》记载："酱成于盐而咸于盐，夫物之变有时而重。"从中看出，当年酱为珍贵的佳肴，在贵族们每天的膳食中占据重要地位。

浙东四大史家张岱说："成汤作醢。"刚开始酱是肉制成，其加工方法，剁碎鲜肉，酿酒曲拌匀，入容器泥封口。在太阳下晒半月，待酒曲的气味变成酱味，即可食用。肉酱能速成，在地上掘坑，火烧红后去掉灰。水浇过后，坑里铺厚草，草中间留空，放拌好曲和肉的容器。坑中填适量土，烧干牛粪。整夜不让火熄灭，第二天酱香渗出来，被称作美食。

家乡有下酱习俗，走进腊月，选挑饱满大豆。铁锅翻炒，温水浸泡的豆粒鼓胀，用笊篱捞出，回锅烀煮。投入适量水不断翻锅，开小火慢煨。酱块做好牛皮纸封好，放置阴地发酵。一套严格的传统工艺，凭经验完成。谁家酱好，引得邻人和亲朋称赞，探亲访友送酱块。酱，三餐不可少的食物，有客人来上一碟酱。朝鲜族离不开酱，酱汤与辣椒酱，味道辛辣香美，逢餐必有。

早在隋唐时期，满族祖先靺鞨人，已经种豆制酱。适宜大豆种植。"豆豉"就是豆类酿造食品，女真人"以豆为酱，制作豆酱，以蒜、芥末、醋加菜中调味，并以蜜代糖制甜食"。

满族入关，为了不忘老祖宗，立下一条不成文的规矩，在清宫御膳食中，备有生酱和蘸酱菜。御厨们怕生酱、生菜吃坏老佛爷肚子，想出一些不放酱菜而又与众不同的日常菜。因此有了清宫的四大酱菜，即"黄瓜酱、榛子酱、豌豆酱、胡萝卜酱"。

二十世纪七十年代，物资匮乏，买大酱必须排队。小卖部店面不大，只有一间屋子，货架摆着一列罐头、几包火柴，以及其他日常杂货品，柜台边放着两口大缸，分别盛酱油和米醋，装酱木桶有盖子。大酱不是每天都有，紧张时早起排队，端着搪瓷盆。多时买到十几斤，盖上纱布，穿过影院边的胡同，沿着军分区墙根回家。母亲把酱装坛子里，纱布包上盐粒，扎紧上方放酱上。

远离家乡，未改吃酱习惯，一天三顿饭不能无酱。民间有句话，"大葱蘸大酱越吃越胖"。我来山东三十年，吃不习惯甜面酱，原料不一，工艺不一，酱入口味道不同。剧场街有卖东北土特产店，妻子常去买大米、蘑菇、木耳和粉条，我家酱都是从那买的。店主敦化人，随夫来滨州开了这家店。

尖辣配大酱，创造出东北的家常菜。酱香和辣椒的清香，在容器中受高温蒸煮，相互交融，发生化学变化。每个地方人都吃辣椒，辣的程度不同。学者雷雨在《中国食辣史》中指出：

康熙年间，辣椒开始进入中国人的饮食之中，但是食用辣椒的地理范围还很小，仅限于贵州东部和湘黔交界的山区，仅仅有几个府、县的范围。从明万历末年（1590年代）间到清康熙中叶（1690年代），其间大约一百年的时间，是辣椒从外来植物转换身份而成为中国饮食中的调味料的过程，转换的动因很可能与黔省缺盐、以他物代盐的客观情况有关。

辣椒进入我国，不过四百年历史，人们饮食生活中离不开它了。小时候，母亲烀苞米饼子，在锅中坐碗辣椒焖子。

尖辣洗净，掰开去掉辣椒籽，放在菜板上剁碎。小铝盆儿中，打进两个鸡蛋，放入豆油，兑适量水搅匀放笼屉上。不出半小时，饭菜便都好了。金黄苞米面饼子，小铝盆儿里的辣椒焖子胀得要冒出来，散发诱人香味。再有几根大葱、黄瓜，五味杂交，吃起来不仅过瘾，而且是一场痛快的味觉交融。

秋天隔两天吃顿烀苞米，蒸碗辣椒焖子。这道东北小菜，在我家中地位高，从春天吃到冬天，一年四季可做。

土谷精气凝

李光庭，天津宝坻林亭口人，清乾隆六十年（公元 1795 年）中举人，任内阁中书，后赴湖北黄州任知府。他在道光末年写出《乡言解颐》，其中一篇《食物十事》，如果不读，不知古人吃甜秆儿，并且叫法和现在称谓不同，为什么呼甜冰？

秋禾将熟，其茎之壮者盈握，精液已足。每当下庄查稼时，佃户截取之，捆载车后，归与儿童当蔗食，谓之甜冰，亦取蔗浆寒之意也。特未必倒尝渐入任境耳。

嶂山有甜雪，渠水有甜冰。却如甘蔗甘，莫当凌阴凌。作甘惟稼穑，土谷精气凝。野老耽辛苦，儿童知禾胃。

甜秆儿，俗呼甜高粱，糖分主要在茎秆。我国北方为甜秆儿，也叫甜稻秫，南方叫芦粟、芦穄、芦黍。茎可以食用，外皮剥掉，放嘴里咀嚼，甜汁吮吸出来，吐掉残渣。

甜秆儿主要生长在东北地区，味道类似甘蔗。俗语说："甜秆梢上甜，甘蔗根上甜。"在东北每家园子都种甜秆儿，给小孩子吃着玩。明朝科学家宋应星《天工开物·黍稷粱粟》中云："芦粟一种，名曰高粱者，以其高七尺，如芦、荻也。"芦粟、高粱同一个品种，又称甜高粱，可酿酒和制糖，秆儿甜可生吃。从中医角度分析，甜秆儿与甘蔗类似，"有消热，生津，下气，润燥功效"。

小时候，吃甜秆儿是快乐事，也有危险，稍不注意，皮锋利刺嘴或手。吃甜秆儿最好的方法，便是切好几段，避免刺手。

放暑假去乡下姥爷家，土墙草顶苫的低矮房屋，前面大园子。姥爷在园子边种了甜秆儿，一绺绺穗子青绿色油亮，这时只能看，甜秆儿未熟不可以吃。姥爷答应，秋天熟了以后给我送来。

秋天时，学校门前有妇女扛着捆切好的甜秆儿，一根两分钱。同学兜里没有多少钱，几个人凑钱买，躲在校园操场边大树后面，咬完甜秆硬皮，一口口吃起来，甜美的汁液溢满口腔。伙伴稍不留神，被甜秆儿皮划出血口子，割破嘴唇，血和甜秆儿汁融合在一起。

不理解李光庭为什么把甜秆儿叫甜冰，它们不搭界。秋天看闲书，翻阅张岱《夜航船》，其中《绛雪嵊雪》记载："《汉武传》：仙家妙药，有玄霜绀雪。又，西王母进嵊山红雪，亦名绛雪。又，雪糕一名甜雪。"这一段文字，李光庭肯定读过。张岱生于一五九七年，他是文学前辈，其中"西王母进嵊山红雪"，又说"雪糕一名甜雪"，考据证明，李光庭"嵊山有甜雪"出处。推断不一定准确，只是个人分析和考证。

甜秆儿现在很少有人种，孩子不知道有这种美食。二〇一九年九月，我在敦化住的酒店旁边有市场，看见许多小时吃的食物，有沙果、江米条、烧苞米，就是未发现甜秆儿。

回到酒店，情绪波动不定，想着李光庭笔下甜冰，只是过去的事情。

老字号吴裕泰

二〇一九年十月五日，我从北京站乘 K1785，现在数量很少的绿皮火车。我在一车十号下铺，往行李架上放好拉杆箱，不大一会儿，列车开动，驶离北京站。

列车员换好票，给了一个硬牌。我拿出吴裕泰买的杯子，包装盒注明为茶叶分离器，分为两节，上面小瓶装茶叶，下面大瓶子盛茶水。中间塑料连接头，类似于水管三通，承接上下两节。接水后瓶子倒立，水进入上端茶叶中。正立过来，清水变成茶水。杯下面三行字，上面是"吴裕泰"三个标志性的字，中间是"一八八七"，下面是"卖老百姓喝得起的放心茶"。二〇一八年四月，我在吴裕泰买过泡茶杯子，在长春一家宾馆，不小心掉地上摔碎了。

每次去北京，先去王府井书店，向前走不远就是吴裕泰，进去买些茶叶，一杯热茶。端着茶水边走边喝。第一次走进吴裕泰，我和高淳海从书店出来，他建议喝一杯茶。从此只要来北京，就要喝吴裕泰茶。

一八七六年，吴锡卿生于安徽歙县昌溪村，祖上是安徽茶商，兄弟六人，在家中排行老四。一八八七年，他随家前往北京创办吴裕泰茶栈出任总管，几十年后，茶栈改号为吴裕泰茶庄。吴裕泰第一块牌匾字，是吴锡卿花五块银圆，请清末老秀才祝春年题写。一九五六年初，全国范围出现社会主义改造高潮，吴裕泰茶栈，公司合营时改为吴裕泰茶庄。"文革"期间，北新桥地名改为红日路，吴裕泰相应更名"红日茶店"。一九八五年，吴裕泰恢复老字号，请冯亦吾老先生题写，沿用至今。

徽商是我国十大商帮之一，又称徽州商人、徽帮。徽商始于南宋，发展于元末明初，兴于清代中前期，到了清中晚期，一天天走向衰败，但在我国商业史上占有重要地位。明清时期，由于商品经济前所未有地活跃，徽商主要经营盐业、典当、茶叶和木材四大行业。江南流传一句话"无徽不成镇"，徽商在经营活动中，一直看重"财自道生，利缘义取"。

北新桥大街路东的一个门洞，就是吴裕泰福地，吴家做茶叶生意，包装纸上印有"北新桥路东大厅便是"的字样。吴家经营仓储、运输和批售，勇于进取，苦心经营，在京站稳脚跟。为了扩大经营，吴家把大门洞后面相接的荒芜府第买下来。吴老太爷重新规划，修建整个院落，建成群房五十多间。在骆驼胡同路北，院落南端建起大门楼，俗称吴裕泰大院。

吴裕泰在光绪年间开业，和同城三百多家茶庄竞争。老掌柜吴锡卿凭着"自采、自拼、自窨"的三自方针，使吴裕泰跻身前列，他在民国时期当上京师茶行公会会长，一干就是十年。

吴裕泰操作运行的理念，定在老百姓身上，同时照顾高端消费群体。吴裕泰店貌古老典雅，店堂内布置温馨，每一个顾客享受热情服务。迎面悬挂大玻璃镜，左右柱子上的对联写道："雀舌未经三月雨，龙芽先占一枝春。"每一处摆放的东西，不是随便乱放，有规有矩，合理宜人。任何人走进来，不会有陌生感，总有待一会儿的想法。

多年苦心经营，打下财富的天地。吴氏家殷实富足，在古城北京开设多家茶庄。吴氏茶庄买卖兴旺，在茶行中具有一定实力。生意越做越大，茶叶需求量相对加大，储备供需大批茶叶。

在这个节骨眼上，吴裕泰茶栈应运而生。从安徽、浙江、福建各地茶叶产地直接进货，派专人在福州、苏州各地，窨制茉莉花茶。经过水路运往京城，分各种档次的茉莉花茶，销往市场。

二〇一九年十月二日，高淳海从重庆飞回济南。他在电话中说近来眼压有些高，正好赶上十一，我说回济南，请省立医院眼科专家马主任帮检查。她是我的主治医生，医术高明。二〇一四年，我患白内障做晶体移植手术，就是她亲手做的。几年来效果非常好，只要眼睛不舒服，我总会去找她医治。马主任不仅医术好，而且为人和善。经过一上午全面检查，高淳海眼睛没什么事，只是疲劳过度，马主任给开了眼药，详细讲述如何使用，怎样调整保护眼睛。

看完眼病，大家的心放下。高淳海提议一起去北京。他在丰台区大红门西路，远洋·自然小区租了一套房子，难得长假，三口人聚在一起。他在网上订票，下午五点〇一分始发。在济南西站乘高铁 G4 车次，去北京南站。

十月三日，来北京的第二天，一家人逛王府井书店，出来走不远就是吴裕泰。上次买的杯子被打碎，想再买一个。我们挑选杯子，最后看中两节分茶器，其实就是玻璃杯。每人买了一杯茶，在王府井的大街上边喝茶，边向前走去。

十月五日，高淳海坐飞机回重庆，我两点二十五分乘 K1785，回山东滨州。我们在地铁十号线分手，各自踏上旅程。

列车开动，车厢里安静下来。我起身拿出新杯，去热水器打水，回来时发现临窗的小桌子上，有一个相同的杯子，上面印有"吴裕泰"三字。看样子此人去过吴裕泰。

绝没有想过的事情，远离北京的列车上，同一节车厢里，有两个人买吴裕泰的杯子。端着茶杯往铺位走，这就是文化，不需要夸大其词宣传。

坚果之王

上午泡一杯绿茶，读张凤台《长白汇征录》。快递公司投递员来电，说有一个快件。

在小区门口，接过快递员送的箱子，里面是王玉欣从敦化寄来的榛子。搬着包装箱，回到家中找来刀子，划开箱子上胶带，看到里面的榛子。王玉欣电话中说，今年新下的榛子需要晒干。把它们摊阳台上，接受阳光照晒。

书房门通往阳台，坐在工作台前向外望去，看到地上摊晒的榛子。每一个贮满大自然气息，收藏丰富营养和情感。

张凤台，河南安阳人，任长春知府、东北三省总督衙门参政。一九〇八年，被委派为长白府总办，之后任长白府知府。他以民生满意为己任，带领人民开发山区，招民垦荒，采取移民实边措施，创办实业。他与临江知县李廷玉、安图知县刘建封被誉为"长白山三杰"。张凤台在《长白汇征录》中云：

> 榛子，树低小如荆，丛生，而枝干疏落，质颇坚硬，开花如栎花；成条下垂长二三尺，叶之状如樱桃，多皱纹，边有细齿，子形如栗子，壳厚而坚，仁自而脆，味甘香，无毒。其皮软者其中空，谚曰十榛九空。长属盛产此味，每岁三倍于松子。

隔着遥远时空，似乎看见长白府知府张凤台，伏案疾书，记录山野中榛子。我出生地榛柴沟，因为榛子多，所以唤为此名。沟南有一条小路，指向峭壁山顶。悬崖边一段路，狭窄而险峻，所以叫南天门。山下几十米深谷，看出去一眼，心惊眼晕。走过这道关口，山下是原始林子。林海中小路，被浓密树冠遮住，树下长满各种灌木，路中有倒伏的枯树，林中各种鸟儿鸣唱。

二〇一五年十二月，父母从济南来北碚，我陪母亲去超市，看到干货区卖美国开口榛子，她拿起一个说，这和榛柴沟的没法相比。回住处给母亲泡杯茶，听她聊起过去的事。茶几上摆着美国开口大榛子，她指着说，你一岁多时，我背着你在榛柴沟采榛子，摘一个给你，弄得满手榛子清香。

曹雪芹是大才子，琢磨透生活。他在《红楼梦》第六十二回，写贾宝玉和黛玉几个人喝酒，黛玉做行酒令，拈了榛穰说出酒底："榛子非关隔院砧，何来万户捣衣声。"榛和真谐音，加上一个子，构成榛子。其意借用"榛"与"砧"同音异义特点，既符合酒令的规定，也说明榛子与捣衣声无关。

榛子、核桃、杏仁、腰果被称为四大坚果，榛子食用历史最长，营养成分高，号称坚果之王。榛树果实形似栗子，外壳坚硬，果仁肥硕漫着香气，油脂量大，吃起来香美，余味悠绵。

一九二五年，北海公园开放，原御膳房赵仁斋和儿子赵炳南，找来御膳房厨师孙绍然、王玉山、赵永寿几人，仿照宫廷御点，办起仿膳茶庄。仿膳的四抓、四酱、四酥声名远播，四酱则为炒黄瓜酱、炒胡萝卜酱、炒榛子酱、炒豌豆酱。炒榛子酱的材料是蔬菜、瘦猪肉、生榛仁、马蹄加甜面酱、蚝油和白糖，翻炒入榛子仁，加少许香油。

陕西半坡村遗址发现榛壳，据考古推测，中国栽培榛树已有五六千年的历史。《诗经》诸多诗篇章中有榛子描写，《曹风》中记载："鸤鸠在桑，其子在榛。"贾思勰是古代杰出农学家，他写的《齐民要术》，为我国古代五大农书之首，对榛子有所记录："榛子味甘，生于辽东山谷，树高丈许，子如小栗，军行食之当粮。"文字清楚地说明，榛子特点以及产地。明代药学家李时珍《本草纲目》记载榛子药用价值，说明"辽代、上党甚多"。明代农学家王象晋《群芳谱》记述，有关榛树嫁接技术，选榛子"实方而扁者，他日结子丰满，树高四五尺，取榛子树枝解之"。历代学者研究证明，榛子与人类生活不可分离，密切相关。采榛子农事活动，一代代相传至今。

十七世纪中叶，达斡尔族先民，散布在外兴安岭南部的精奇里江流域河谷，东起牛满江，西至石勒喀河的黑龙江北岸河谷地带。后来他们南迁至大兴安岭和嫩江流域一带，成为达斡尔人的故乡。

达斡尔人饮品多，除了奶类制品外，还喜欢喝红茶。他们喝红茶与其他地区不同，喝的是煮过的浓茶。榛子、山丁子、稠李子和刺玫果磨碎，混在一块当茶喝。我没有喝过这种果茶，却喝了不少的榛仁粥。

清冷空气中，雪花飘落，勾勒出山的形状。太姥姥常年穿斜襟青布大褂，圆口布鞋，头上盘抓髻，插铜簪。太姥姥闲不住，一家人的饭、洗衣裳等家务她都要做。我和太姥姥坐在火盆边，炕烧得烫人，小花猫趴在炕头。柞木烧的炭火，表面浮着白灰，灰下面的火炭强劲十足。太姥姥在炭火上坐小铝锅，洗好大米和水，放一些榛子仁。一个冬天的寒假，经常喝榛子仁大米粥。我未喝过榛子仁茶，却喝了许多榛子仁粥。

铁岭地处辽宁北部，松辽平原中段，铁岭榛子不大非常香。铁岭野生榛子，从明朝万历年间就成为贡品，经过明清两代，至今已有四百五十多年。

康熙十二年（1673年），清廷下诏撤"三藩"，靖南王耿精忠反叛，蓄发恢复衣冠，与吴三桂合兵入江西，被清军镇压。戴梓弃文从军，追随康亲王杰书平叛。他研发的冲天炮，交战中发挥大作用。平叛后，戴梓进入内廷，被任命为翰林院侍讲，他是难得的兵器学家。康熙皇帝器重他，为了发挥其火器制造的特长，康熙任命其创制出"蟠肠鸟枪"，还有"子母炮"。康熙三十年（1691 年），他发明"连珠炮"而得罪西洋传教士南怀仁，被诬陷为"私通东洋"，在辽东流放长达三十五年，写有《耕烟草堂诗钞》。他在流放中，忍受艰难困苦的生活，以卖字画为生，他"常冬夜拥败絮卧冷炕，凌晨踏冰入山拾榛子以疗饥"。东北冬天，寒冷异常，南方人戴梓，不得不去适应气候变化，在冰冷的土炕上，熬过冰寒长夜。清晨无米下锅，空着肚子，呼吸冷空气，蹚过积落的厚雪，去山里寻找榛子和野果充饥，让自己活下来。

二〇一六年，文强从微信发来一篇文章，写流放中的戴梓。说可以去他流放地调查，会有更多收获。我当时在沈阳，朋友送来铁岭野生榛子，带来夹榛子的小钳子。我在酒店，品尝铁岭野生榛子。

开原是铁岭下辖县级市，在辽河中游东侧，东北二人转发源地之一，榛子名声大扬。当地传说，顺治皇帝时期，京城大臣们不辞辛苦，一路风尘来到铁岭，点名道姓，要品开原榛子。返京不忘带开原榛子，回去孝敬皇上和娘娘。出身东北的皇家人，打小知道开原榛子好吃，指定盛京内务府，每年向朝廷进贡。核桃、榛子、松仁等一些山野果，清宫日常饮膳，宫廷宴也离不开。

《开原县志》记载："中固位于开原南三十里，马家寨位于开原南六十里，是盛京内务的御果园。由掌仪司所属正白旗园头李姓承领庄地，驱使旗丁承种，交纳果差。额定园头榛子二点六五石，山楂三点二三石，雉八十五只等。"开原榛子被宫廷看中，这与生长环境离不开。独特地理背景，土壤和气候条件，长出榛子与别处不同，皮薄瓢满，含油量极高，炒熟后香脆。

当地挑选榛子的传统方法被称作"水漏儿"，从清代流传至今天。榛子水里过一遍，榛子仁不实的漂水面，沉入水底为"水漏儿"。过水榛子个个饱满，仁外包皮，双手揉搓露出果仁。

榛子炒熟，大部分壳裂开，在手里一拍，榛仁露出。进贡的榛子不仅是"水漏儿榛子"，而且要从中挑选大个儿。

九月收榛子时节，果苞同时采下。采下的榛子堆起来，盖上草帘子发酵，几天后果苞脱落，果壳呈棕色。有的用筐装带苞榛子，发酵一两天，棒敲脱壳，也可阳光下曝晒。方法不同，形式不一。

土耳其盛产榛子，榛子是当地糕点中不可缺少的元素。有学者指出，榛子具有降低胆固醇的作用，所以，虽然土耳其人以肉食为主，但当地人大部分血脂指标不高。西班牙科学家研究认为，每周可吃五次榛子，每次吃二十多克为佳。

王玉欣邮来的榛子，遵照科学饮食分配，每天不多吃。我不吃晚饭，只吃点水果，再加几个榛子足够了。

我守候阳台的榛子，回想母亲讲采榛子的经历。忍不住拿起榛子锤击敲开，望着包衣皮的榛仁，闻到清香。

九孔白莲藕

"荷莲一身宝，秋藕最补人"，民间的说法。立秋过后，市场上的鲜藕多起来，成为人们餐桌上常见的菜。

我小时候，吃了太多土豆，以至于长大后，对充满淀粉的块根、块茎食物，不感兴趣，甚至不吃。

一九八三年，我家从东北迁往山东滨州。正月十七，下了长途客车，中午饭在我父亲新单位同事家。他上了一盘凉拌藕片，介绍博兴麻大湖的特产，九孔白莲藕，别的地方七孔。东北人很少吃藕，这是我第一次品尝藕，感觉不到与众不同。上海知青探亲回来时，送我父亲一盒藕粉，用热水沏开就可食用。盒子的封面上印有一段藕，是对藕的最初印象。我父亲不知从哪本书中，找出清代钱塘诗人姚思勤的《藕粉》诗：

谁碾玉玲珑，绕磨滴芳液。

擢泥本不染，渍粉诅太白。

铺衾暴秋阳，片片银刀画。

一撮点汤调，犀匙溜滑泽。

由于工作原因，我每星期去博兴，校对电视报的版面。中午在厂子餐厅吃，每顿饭有麻大湖的藕片。麻大湖，俗称官湖，在博兴县城西南五公里处，小清河以南是博兴县和桓台县交界处。古时以湖中金刚堰为界，湖面东西长，面积近三十平方公里。据史志载："麻大湖古因地势低洼，由孝妇河、郑潢沟、潴龙河、涝淄河、乌河等汇此而成。"麻大湖物产丰富，群众有顺口溜"金丝鸭蛋白莲藕，稻香蒲茂加苇柳，鱼虾蟹蚌样样有"。每到秋天，菜市上有卖莲蓬。一枝枝荷秆，顶着一个莲蓬，吸引了不少人的目光。我每次遇上，都要买几个回家吃。

清咸丰年间，莲藕被钦定为御膳贡品，藕原产于印度，后来引入中国。莲藕，属睡莲科植物，莲的根茎肥大有节，中间有管状小孔，折断后有丝相连。藕微甜而脆，可生食，可做菜，藕的根、叶和花入药，李时珍《本草纲目》中记载："夫藕生于卑污，而洁白自若。质柔而穿坚，居下而有节。孔窍玲珑，丝纶内隐。生于嫩而发为茎、叶、花、实，又复生芽，以续生生之脉。四时可食，令人心欢，可谓灵根矣。"藕不仅可药用，也是一种食材。

莲子是一味中药，"甘涩性平，有补脾止泻、清心养神益肾的作用"。中医用来治疗心悸失眠。莲蓬在中国人的心中非常重要，具有圣洁、清净的象征意义，观音盘坐的莲花座，就是硕大莲蓬。《古乐府·子夜夏歌》中有："乘月采芙蓉，夜夜得莲子。"其中的芙蓉，指的便是莲蓬。

苏州的荷藕，有雪藕之称，唐代列为贡品。杭州西湖的藕，被冠以美名西施臂，安徽雪湖贡藕，江苏宝应的美人红，南京的大白花，河北泽畔贡藕，广西贵县大红莲藕，都是有名的藕。藕生于污泥水中，一尘不染，从古至今，深受文人骚客的喜爱。诗人韩愈赞美藕："冷比霜雪甘比蜜，一片入口沉疴痊。"白居易时为周至尉趋府，在府门前看到莲的凋落，感叹地写下《京兆府栽莲》：

污沟贮浊水，水上叶田田。

我来一长叹，知是东溪莲。

下有青污泥，馨香无复全。

上有红尘扑，颜色不得鲜。

物性犹如此，人事亦宜然。

托根非其所，不如遭弃捐。

昔在溪中日，花叶媚清涟。

今年不得地，憔悴府门前。

　　大明湖里过去产的白莲藕，肉嫩水多，甘淡滋润，可口不干，嚼嘴里无渣滓。在北岸铁公祠之西，有一座古庙藕神祠，有一副对联："一盏寒泉荐秋菊，三更画船穿藕花。"得益于地理环境，藕的质量上等，远近闻名。档案资料上无从查找，不知藕神是什么时候被造出来的。大明湖这一带的风俗，每年大年初一早上，人们来藕神祠上香祭拜，求藕神保佑，以祈莲藕丰收。民俗学家张稚庐研究济南美食，他指出："清同治年间，藕神莫名其妙地由须眉变为巾帼，也不知何人将宋代女词人李清照封为藕神，又立神位，又刻石碑。民国时小庙废圮，藕神遂湮没无闻。"一九九八年二月，湖东北岸重建藕神祠，徐北文写的新楹联："是也非耶，水中仙子荷花影；归去来兮，宋代词宗才女魂。"

我逛大明湖时去过藕神祠，看着对联困惑不解，一代词人李清照，怎么和藕神联系在一起？是因为她家在这里，还是因为她名气太大，人们借此宣扬大明湖的藕？

我居住的城市下面有博兴县，那里有麻大湖，水产丰富，白莲藕值得一尝。当地有句顺口溜："金丝鸭蛋白莲藕，稻香蒲茂加苇柳，鱼虾蟹蚌样样有。"麻大湖的白莲藕与众不同，它有九孔，白嫩多汁，甜脆无渣，糖拌白莲藕名气最大。荷叶在菜中起穿针引线的作用。麻大湖采一枚鲜荷叶，把白莲藕洗净，拿荷叶包起来，右手攥成拳头，猛地一击，莲藕即碎，加白糖拌匀，吃起来甜脆，香味不同寻常。此菜不能动刀，否则有铁腥味。

这道家常菜可以上大宴，外地来的客人，招待时要上此菜。藕在各地的吃法，大多相同，又有不同的地方，济南人好吃姜拌藕，却和麻大湖糖拌白莲藕反差极大，做出的风格迥然不一。姜拌藕的做法简单：藕洗净削皮，切成薄片，凉水浸泡防止氧化。投开水锅内烫，捞出趁热拌姜末，浇上醋和香油，撒些细盐。

在各地吃过花样翻新的藕，还是博兴的糖拌白莲藕风格独特。单单是采摘，人体的温度和荷叶的碰撞，这一举动，就会产生无穷的韵味。

记忆中的烀苞米

霜降后，市场上卖棒子的少了，从冰箱拿出最后三个棒子，向秋天告别。山东人叫棒子，我老家东北称苞米。不用煮字，叫烀苞米，一个烀，表现不同地域文化。过去东北不论农村和城市，每家厨房都有大铁锅，做饭做菜都出于此处。大铁锅里放水，烀茄子、烀地瓜、烀面瓜、烀土豆，烀不仅是一种常见的烹饪方式，也是一种文化模式。

入秋以后，市场出现苞米，更多的是黏苞米。黏苞米被誉为二十一世纪的黄金食品，具有色、香、味、黏等其他玉米没有的独特品质。黏玉米属于糯性的，味道微淡，营养丰富。黄色的传统玉米粒大，粗纤维，而且糖含量低，对于糖尿病人是不错的选择。隔一天去早市，入口处沿街房，有一个中年妇女，冬天卖干炒货，夏天卖应时水果，今年她主要卖黏棒子。她坐马扎上，身边一堆蛇皮袋子，装的是批来的棒子。

棒子不同菜似的浮动价，每天多少有些变化。她卖的价格，一般是十块钱八个，也不讲价。每次买棒子，我把它们先放在这里，进市场去买菜，回来时拿走。时间一长，我们老相识了，她给我挑的棒子相对大点，说最好不要扒皮，带着煮有清香味。后来我去龙口，发现当地蒸包子，不用屉布，而是每个包子下，铺一条苞米皮。

我家从龙井搬往延吉，住进大杂院，夏日天长，暮色中的空地一片葱绿，苞米发出奇妙的香味，蜻蜓围苞米地转悠。苞米上的璎珞似出鞘的剑，指向暗下来的天空。白天趁老山东不在家，在他家的苞米地附近逮蜻蜓。低飞的蜻蜓，一挥手就能抓住。我举起右手，竖起大拇指，口中念经般地叨念："蜻蜓，蜻蜓落落，叮当打锣！"偶尔有蜻蜓落在大拇指上，伸出食指，抓住毛茸茸的细腿。蜻蜓扇着薄翅想挣脱，重新回到天空。我观察昆虫界的飞行员，亮晶晶的眼睛，有树叶纹络般的透明的翅膀。它不住闲地为人类除害，消灭蚊虫，却落入孩子恶作剧的陷阱。

秋天收获季节，老山东苞米丰收了。他挥舞镰刀，在哗哗的响动声中，苞米秸一棵棵倒伏下去，留下的茬子抓住土地。他让女儿把同学请来，在他家小炉子上烧苞米吃。扒掉叶子的鲜苞米，散发清香。在苞米的一端，插上一根粗铁丝，不停地在小火上转，免得烤煳。老山东不停地忙碌，给我们挑棒粒饱满、没有虫眼的苞米。他流露出孩子般真诚，唠起遥远的鲁西南。他老家的庄前有一条河，他曾和伙伴们在河中捉鱼，光屁股在河滩上追逐，河两岸是漫无边际的棒子地。老山东梦一般讲述，他的眼睛中见不到往日严厉，有了柔静的水湿。

暑假时，我每年都去天宝山，姥姥家的房子在半山腰，打开窗子，后山坡是家属队种的苞米地，没有人去偷，因为自己家都种。早饭后，我拎着筐和姥姥去摘苞米。走进苞米地，蹚着露水，没有走几步裤腿便湿透了。中午烀苞米，不能撕掉棒子叶，只是扒掉外面一层，这样烀出的味道浓郁。烀苞米用的是大铁锅，丢在锅里不用放太多水，只要没过苞米即可。姥姥家是烧桦子的落地灶，屋子里飘出木柴味，苞米清香从锅盖缝中钻出。开锅以后，不久苞米出锅，打开锅盖热气升起。锅台放一碗凉水，沾一下手，姥姥拿起一根苞米，用筷子从苞米的一头插进去，留一半在外便于拿，又不烫手。苞米香气扑来，不顾烫嘴，上去就是啃一口，苞米鲜嫩味，溢满唇齿。

当今保鲜设备先进，超市里什么都能买到。即使在寒冷冬天，返季的苞米也能买到。真空包装的老玉米、大棚里生长的鲜甜玉米，在过去是不可想象的。不管怎么样，过去烀苞米的情景，成为记忆中的事情，不会再出现了。

现在烀苞米，更多有童年的情结，每一次买苞米，似乎回到多少年前。它与记忆中的烀苞米，总感觉缺点什么。

最后的三个苞米放在锅中，坐一碗辣椒焖子。今年吃苞米季节结束，过不了几天暖气通热，冬天开始了。

野菜麦地瓶

　　大地生长各种野生菜，有些名字出乎意料。黄河中下游的面条菜，是老百姓爱吃的野菜。它有许多叫法，不同地理环境下，口音各异，对菜理解不一样。

　　蒸面条菜从内心讲，真不喜欢，裹面口感不好，东北话说面个兜的。不裹面粉，清蒸要好一点，有人重口味，愿意吃这口。外地来朋友，我推荐当地野菜，他吃一口不再动，看样子享受不了。

　　一道菜，就是一部长篇小说，从菜纹理和根茎，发现人物、故事情节和环境。野菜容量大，情节复杂。表现社会和成长的历程，反映一个时代的历史。

　　每逢春季，许多人去大地采，有商贩在路边收购，拉到市场卖。每年如此，价格越来越高。面条菜是减肥好菜，浑身可入药。成熟时采收，洗净晒干备用，"具有性寒、苦、涩，有清热解毒、润肺止咳作用"。对于呼吸道感染、咳嗽痰多症状，煎服能缓解，并有一定疗愈功效。面条菜晒干碾成细末，对创伤流血，具有一定止血效果。

人们采摘面条菜，更多当菜吃。也有人做面条菜馅饼、饺子、凉拌面条菜及各种菜。邻居老家在农村，春天时，经常捎来面条菜。他送过来一些，知道我不吃蒸面条菜，便教做几种吃法，其中凉拌面条菜，准备几种常见调料，面条菜焯水，凉水浸泡。加入各种调料，如有油炸花生敲碎，或有熟芝麻仁更好，同面条菜拌匀。

面条菜叶子长，像面条一样，所以得了面条菜的名字。野菜在黄河中下游常见，南方不多。俗语说："面条稞，麦地瓶，饥荒年景救人命。"俗语带出感人的传说，有一年闹灾荒，母亲眼睁睁快饿死的孩子，在麦地里采了面条菜，煮给孩子吃，没有想到野菜救活孩子。这是后人编的传说，还是曾经发生过的真事，已经不重要了。

鲁北平原一带，称蒸面条菜为扒拉子，我对这个称谓不甚理解，是否蒸时铺在屉上，乱糟糟的，拿筷子随便扒拉，由此而来？

妻子每天吃完晚饭，和年龄相仿的女伴散步。我让她顺便问"扒拉子"在当地是什么意思。她回来说，就是把菜扒来扒去。解读与我的想法相似，没有更多新意。

婺州碧乳

明代文学家田艺蘅《煮泉小品》中所录："余尝清秋泊钓台下，取囊中武夷、金华二茶试之，固一水也，武夷则芡而燥冽，金华则碧而清香，乃知择水当择茶也。"他说用富春江七里泷的水泡茶，婺州举岩茶超过武夷茶。评价极高，不过此茶与名声相符，不是乱说一气。

我去过金华几次，喝过婺州举岩茶。二〇一七年十月，在双龙洞前的茶楼，茶厂老板请喝婺州举岩茶，同时送一些资料。坐在临窗位置，边喝茶边聊天，他讲述婺州举岩茶的历史。

我揭开碗盖，汤色清亮而透绿，抿一口茶汤，鲜醇甘美。对面是双龙洞，游人们络绎不绝。叶圣陶的文章刻在对面石壁上，一些人在拍照。

二〇〇〇年六月十八日清晨，城市沉在宁静中，走出小区大门，街道上行人稀少。我拖着拉杆旅行箱，走在马路上，轮子在路面上滚动，发出节奏鲜明的响声。夜里灯下，路两旁摆满小摊，地上丢弃杂乱的东西，炒菜的香气，烤羊肉串的烟气，卖水果的吆喝声，在夜色中搅在一起，拧成吵闹的夜市。

南方充满神秘。小桥流水，乌篷船，细嫩雨丝，让我有太多的向往。这和上高中时，学习鲁迅文章有关系，他笔下的江南，到了今天仍然是梦想的事情。这次是第一次去金华参加笔会，金华不仅有名声远播的金华火腿，还有美丽的双龙山。双龙山我国道教第三十六洞天所在地，又称赤松山，相传为晋时黄初平修炼得道成仙处。作家叶圣陶曾经写过《记金华的双龙洞》："一路迎着溪流，随着山势，溪流时而宽，时而窄，时而缓，时而急，溪流声也时时变换调子。入山大约五公里就来到双龙洞口，那溪流就是从洞里出来的。"小学课本上的文章影响一代代人，这个名篇刻在双龙洞的石壁上。被叶圣陶老先生的"一路迎着溪流"折磨得没有睡好觉，夜里有些兴奋，但看到清洁的街道，睡眠不足带来的疲倦消失了。

经理说的是金华普通话，茶叶让他兴奋，讲述将我们带进举岩茶的历史中。他说举岩茶产于婺城区双龙洞顶鹿田村附近，上一次来金华去过这个地方，当时喝过举岩茶。由于时间关系，接待人说当地话听不懂，没有在意茶的背景。婺州举岩茶、龙井、紫笋、莫干黄芽，被列为浙江省四大名茶，婺州举岩茶有"香浮碧乳""婺州碧乳"的说法。因为茶汤入口清香、鲜柔和醇厚。产自金华北山一带，幽远的山，数峰清瘦细致。这个村地处金衢盆地东缘，南方红色盆地，为丘陵地带，属亚热带季风带。降水量相对大，常年云雾多，昼夜温差大，砂质红壤土结构疏松，含有多种养分，适合茶树生长。

五代时期毛文锡所著的《茶谱》中曰："婺州有举岩茶，其片甚细，所出虽少，味极甘芳，煎如碧乳。"说出茶的特点，其味甘美，汤色诱人。北宋文献学家吴淑《茶赋》所录："夫其涤烦疗渴，换骨轻身，茶荈之利，其功若神，则渠江薄片，西山白露，云垂绿脚，香浮碧乳。"记录举岩茶的品质及其保健功效。

明代药学家李时珍《本草纲目》记云："金之举岩，会稽之日铸，皆产茶有。"明清时期的学者，我国古代哲学家、科学家方以智所著《通雅》将婺州举岩茶列为名茶。该茶在宋代具有广泛知名度，兴盛于明，被列为贡品，清道光年间仍保持芽茶、叶茶两品种进贡。至清代末叶已名存实亡，制作技术几近失传。

　　《金华县志》记载，宋朝嘉定年间，有一个叫唐季度（字伯宪）的人，左眼经常流眼泪，看了不少名医也没治好。有一天他上山从一块大石头旁经过，突然听到有人在叫他。唐季度一看，原来石头上坐了一位道翁。道翁说他乃善良之辈，不应受如此疾苦，于是把草药沥汁，敷在唐季度的左眼上，眼疾很快就好了。草药就是巨石缝隙中所长茶叶，后来民间就叫它举眼茶。

　　公元一三五八年，朱元璋率兵攻打婺州，久日攻不下来，便兵屯在北山中。由于环境发生变化，对于新地方的气候和饮食习惯不能适应，军中流行眼病，朱元璋非常着急。传说这天夜里，朱元璋梦到一位道翁，托梦说："欲医治眼疾，必得北山岩茶。"于是，清晨早起，去巨岩处，发现岩缝真如梦中所说，有茶生长。他亲自采摘，随后制茶送给将士，茶果然灵验，茶到病除。后来将士们勇气大振，一鼓作气，攻下婺州。朱元璋当上皇帝后，下诏金华北山举眼茶，改为婺州举岩茶，将其列为贡茶。

报道时，会务组送一盒婺州举岩茶。午休时，泡一杯当地茶，我在房间里读经理送的资料。故事真假无法考证，但有一点是真实的，婺州举岩茶的历史由来已久，这是不可更改的事实。至今金华北山鹿田村，生长千年古茶树。这里自然环境优良，经过千年的风吹雨淋，仍然生命力旺盛。

泡一壶茶，看着汤水中透着翠绿，清香缭绕。茶叶漂浮水中，滋味甘美，不觉赞美好茶。

北园的萝卜

过去北园水利资源丰富，地理环境独特，南高北低，地势低洼，是济南的小江南。

一九〇一年，沃广兴生于济南北园镇沃家庄，一九三八年至一九四〇年，杂交选育出北园脆萝卜，在当时较有名气。北园脆萝卜个头大，水分充足，生吃有微辣，细嚼后味带甜头。无论是糖醋萝卜丝、炸萝卜丸子，还是腌咸菜，都是上好原料。他没有想到的是，还流传一句歇后语："北园的萝卜儿——半青。"北园萝卜长近一尺，半青半白，老百姓呼之"半青"。

冬日的鲁北平原，阳光不足，寒风在窗外呼啸。在家中读民俗学家张稚庐写的一些老济南的美食，其中写到北园萝卜，记述当年的情景。二十世纪四十年代，有一个邻居，五十开外，外号叫刘小辫。因为他后脑勺上，还留着一条小辫子。

　　他事母至孝，终生未娶，一生卖萝卜为业。刘小辫有一绝活：最会挑萝卜。他卖的萝卜格外脆甜。隔三岔五他去东门外的海晏门集上贩些萝卜回来，黄昏时候，便推着地排车到院前去卖萝卜。每个萝卜都在家里井台边洗得干干净净，一排一排摆在车上，上面点缀着三五个橘子和西红柿。他手巧，把紫心萝卜雕成几朵大花，像玫瑰又像芍药。还不时用炊帚洒点水，萝卜越发水灵。行人走过摊前，不由得会买上一两个。有人买时，但见他拿起个萝卜，先切去头，而后垫着湿毛巾把萝卜竖在手中，用小刀"咔嚓咔嚓"纵、横各二三刀，劈成一根根棱柱，松而不散，下端相连，递给顾客时还笑眯眯地搭上一句："爷们儿，辣了管换！"

　　民俗学家讲述的故事，给我留下记忆。口述史和民间传说，档案中很难查阅，也许更有画面感。

　　二〇一八年，我在北碚写汪曾祺和他的植物。一九四八年冬天，他来到了北京，偌大的北京，街头巷尾听到吆喝：
"哎——萝卜，赛梨来——辣来换……"声音高亮，很远就能听
到。商贩们把萝卜洗干净挑出好的，拿刀子刻成花，红心绿皮，
挂在车上以吸引顾客。萝卜一个个挑过，用指头一弹，发出清
脆的响声，刀切下去，只听咔嚓声响。

萝卜是家常菜，民间素有"小人参"的美称。特别冬天时，
成为饭桌上的常菜。萝卜营养丰富，含有多种维生素。在济南
萝卜可以做许多种菜，萝卜丸子较典型，各种吃法，也有家常
吃法。做法简单，也是大众菜。炸萝卜丸子，萝卜擦丝，加面
粉和调料，拌匀做馅儿，六成热的油炸熟。

我老家东北有道小菜，风格独特。青萝卜去皮，洗净后，
撒盐杀尽水分，用石头压牢。吃时切葱丝、姜丝，再放辣椒
油拌匀。萝卜在我家是常菜，经常包素馅饺子。买回的青萝
卜，洗净去皮，用擦器擦成丝，撒盐挤出水分。拌入胡椒粉、
蚝油、香油和熟花生油。做法不复杂，既营养，又适合老少
的口味。

寒冷的冬天，切一个带缨子的萝卜头，装入盘中倒进少量

水。不过几天，缨子长得嫩黄，摆在案头，给冬天带来情调。

萝卜是家中宝，每次回济南家中，去七里堡市场转悠找北园萝卜，多买一些，顺便带回滨州，当水果吃。

山珍猴头

走进"东北珍宝"土特产店，看到货架摆放的猴头，个头大小均匀，色泽艳黄，形状类似于拳头状，这是上乘猴头，颜色金黄，如同金丝猴的茸毛，黄中带白，因为菌丝呈白色。坊间素有"山珍猴头、海味鱼翅"的说法。

二〇一九年十月二十一日，妻子心脏不舒服，住进滨州医学院附属医院。经过全面检查，身体无大问题，医生批准今天出院。上午输完液，她说陪我去买大酱。"东北珍宝"土特产店是敦化人开的，我家东北酱都从这里买。从医院东门出来，斜对门是通往大观园的小路。走进店里，老妇人在躺椅上看电视剧。她听我口音，知道我们老家延边非常高兴。在异乡他地，口音和口味，很快沟通人的感情。我随手拿起猴头察看每一处，老太太说，这是从长白山中生长，散发山野气息。

二〇一九年九月五日，我回到老家，晚上文友在酒店请客，让我品尝家乡菜，焖明太鱼，大饼子。其中有道"猴头清炖排骨"，将猴头泡在清水中除苦味，香菇泡发，猪排骨切小块。然后将猴头、香菇片和猪排骨入锅，放水适量，大火煮半小时，加入精盐和酱油。吃起来口感好，营养丰富，具有地域特色。民间谚语说："多吃猴菇，返老还童。"可见猴头与一般山野菌不同，不仅珍味，对人身体的好处，也多于别的同类。

甦庵老人方拱乾，明末清初诗人。他流放在苦寒地几十年，对东北文化理解深厚，在《宁古塔志》中写道："有麋子尾，即猴头。"当地人对猴头的叫法，又称"狍子屁股"，山区流传说，猴头对着脸儿生长，在一棵树上发现，对面的树上能找到另外一个。秋季时猴头多产，大多在柞树上，风倒木上生。长白山的猴头，另有亲切呼法，白头翁。外形如同白猴脑袋，茸茸的没有杂色。猴头寄生柞树上，在远处便能望见。

猴头不仅是名贵的山珍，味道鲜美，它还是一味中药，用于缓解消化不良、无力体虚、神经衰弱。明代药学家李时珍在

《本草纲目》中，对猴头的药用有明确记载："猴头菌性平，味甘，有利五脏、助消化、滋补身体。"《饮膳正要》为元代忽思慧所著，他是我国古代的营养学家，记载药膳和食疗方、各种饮食性味与滋补作用。书中记猴头利于五脏，帮助肠胃消化。

《山东节次照常膳底档》记录乾隆第五次巡游山东，同皇后来到曲阜祭孔。女儿嫁给孔子第七十二代孙孔宪培，他为此赐给孔府一套满汉宴餐具和六担猴头。《乾隆四十四年五月节次照常膳底档》中记载，乾隆每天膳食中都要有猴头。他南巡期间到常州，受到当地官员的隆重欢迎。常州府备好宴席，缺少猴头这道菜，下令御厨马上做。在他执政期间，凡所到之处，必有专做猴头的御厨随同。

我在长白山行走，碰见老采山人说，前几天遇上一棵柞树，猴头长得有拳头那么大，长有十个，足有五斤。他自己做的伸缩杆子，顶头有三个铁钉似的钢尖，这是采猴头神器。根据距离长短，杆子能伸缩，杆头尖钉插入猴头中，既不损坏整体，又能轻松摘下。

店主有东北人的热情，我们和她交谈起来。她说三个女儿，一个女儿在北京，二女儿在沧州，现在是在大女儿家。她毕业于延边大学，分配到学校当老师，后来调往敦化，又去了通化。

我买了辽宁绥中县佐香园黄豆酱，两袋许氏满族臭酱，产地黑龙江哈尔滨双城区公正满族乡。这里是金代兵营和武器库遗址，城墙南北高，中间低，呈元宝状，所以称为元宝城。读着许氏大酱的介绍，我是满族，喜欢臭酱，吃醮酱菜是绝配。

妻子还要回病房，她是偷着跑出来的，不能待久了。我们付钱向老乡告辞，走出"东北珍宝"土特产店，拎着袋子里的酱，似乎回到东北老家。

芋火谈禅数夜更

早饭后，去黄河大堤跑步，路过市场看见白色货车拉满芋头，许多人围着买。我凑过去问是什么地方的芋头，中年男人神气地说，这是莱阳孤芋。

莱阳气候比较温和，光照充足，昼夜温差大。土壤条件优越，大多数是棕壤和褐土，适于芋头生长。莱阳芋皮薄，头个肥大，淀粉含量高，糖分充足，吃起来松软滑嫩，齿留清香。

莱阳乡间喂养小孩离不开芋头，可防止腹泻。春节除夕守岁吃芋头，借谐音"余头"，预示来年日子富裕，有"余头"。清水煮莱阳芋头，剥开皮蘸白糖。在莱阳，芋头乃家常便饭，有多种吃法，芋头切丝下面条，滑溜溜的入口难忘。鲜芋头去皮，阴干入锅，油煎外皮金黄，添入适量清水，文火爆干，芋头外酥里嫩。

从高杜早市出口，登上黄河大堤，原来的泥土路已变成柏油路，改称〇八三乡道。两边大多是杨树，各种杂草丛生，今年秋天牵牛花开得旺盛。我站在堤上，看清整个早市，莱阳芋头的摊前围满人。

我一边跑步，想起南宋文人林洪撰《山家清供》。山家，居住在山区的隐士之家，空气清新，溪水明澈欢快，林秀山丽。清，纯净透明，没有混杂的东西，与浊相对。供，指供给意思，恭敬奉献。当它们组成《山家清供》，就变成不一般意义。一盘青菜，一碗面条，充满人间烟火气息。每道菜不仅品尝，也有丰富的历史内涵。

林洪青年时代在杭州，想跻身江浙文人士大夫阶层，由于性格及各种原因，不断遭受排挤，走为上策，流落江淮二十年。《山家清供》是说宋人山家饮馔，记载文人韵事的素食谱。他对芋头有感情，称之为土芝，记录下来：

芋，名土芝，大者裹以湿纸，用煮酒和糟涂其外，以糠皮火煨之，候香熟取出，安坳地内，去皮温食。冷则破血，用盐则泄精。取其温补，名"土芝丹"。昔懒残师正煨此牛粪火中，又有召者，却之曰："尚无情绪收寒涕，那得工夫伴俗人。"又山人诗云："深夜一炉火，浑家团栾坐。煨得芋头熟，天子不如我。"其嗜好可知矣。小者曝干入瓮，候寒月用稻草罨熟，色香如栗，名"土栗"，雅宜山舍拥炉之夜供。赵两山汝涂诗云："煮芋云生钵，烧芋雪上眉。"盖得于所见，非苟作也。

芋头本土植物，《史记》《汉书》典籍中记载明确，名字不同而已。《史记·货殖列传》记云："吾闻汶山之下，沃野，下有蹲鸱，至死不饥。"芋头在大地如同蹲伏的鸱，所称蹲鸱。鸱是印度神话之鸟，《山海经》中云："有鸟焉，一首而三身，其状如乐鸟，其名曰鸱。"大唐宰相张九龄才智过人，能诗善文，世称张曲江。唐代朱揆《谐噱录》中载："张九龄知萧炅不学，故相调谑。一日送笋，书称'蹲鸱'。"张九龄知道萧炅不学无术，经常拿他开玩笑。故意把芋头写成"蹲鸱"。萧炅回信写得更有意思，"芋头已收到，目前未看见蹲鸱。我家有许多异物，却不愿见这样的恶鸟"。张九龄读后，把萧炅的回信给客人看，引得屋子里人大笑。

中秋节后，芋头成熟出土。芋头外表粗糙，易保存耐放，能放置一个冬天。我家在这个季节，买到鲜芋头上屉蒸，熟后的芋头，剥去外皮肉嫩白。

明末画家文震亨《长物志》，是一本晚明生活美学指南，记载芋头："御穷一策，芋为称首。"普通芋头经常作为荒年储备食物。多余部分晒干，磨粉做团子。清代文人袁枚《随园食单》言道："磨芋粉晒干，和米粉用之。"粉团子做法不复杂，一般人都能做，滑嫩中漫出清淡。

人体吸收芋头含黏液蛋白，产生免疫球蛋白，提高抵抗力。中医认为芋能解毒，对痈肿毒痛有抑制消解效果。芋头中含矿物质，尤其氟含量较高，可洁齿防龋。

二〇一六年七月，我着手准备八大山人写作，谢绝社会上的活动，每天和书相守。读书、写作、散步，成为生活中三点一线。几个月思维沉浸在八大山人中，饱览他诸多画作。《传綮写生册》是八大山人最早存世作品，创作于一六五九年，三十四岁时，他在出家地介冈灯社所作。《传綮写生册》中有一幅《芋》，有诗云：

> 洪崖老夫煨榾柮，拨尽寒灰手加额。
>
> 是谁敲破雪中门，愿举蹲鸱以奉客。

《传綮写生册》是一本日记体绘画，从描绘花卉、蔬果，看出八大山人早年艺术风格。通过描绘西瓜、石榴、草虫等自然物象，以物抒情彰显内心情感。佛门过着"三两禅和煮菜根"的生活，平淡中自有意味，看出这个时期，八大山人对习禅生活体悟。

一六四四年，甲申国变后，八大山人逃往奉新山中，遁入进贤县介冈灯社出家，拜弘敏为师，成为曹洞宗青原下第二十八代传人。八大山人成为人们的记忆，现在他是出家人。在寺中，依山傍水生活，脱离心中尘浊，思索过去事情。《传綮写生册》中有题画诗，绝望中又逢大雪天，天寒地冻火中煨芋头，这不是浪漫休闲，而是苦难生活的记录。

　　八大山人借芋回忆西山洪崖的生活，说出贫民的食物，在当时生活的地位。一六四四年，李自成攻入京城，明朝政权灭亡，八大山人躲藏西山，除了逃避祸事以外，也是为其父亲守孝。他当时二十四岁，画出《芋》这幅画，写诗的时候，已是三十四岁，自称洪崖老夫。

　　寻常大雪天，严寒刺骨，鸟儿不愿出来飞翔，透风破屋子中拢起火堆，炭火中煨芋头。普通东西画宣纸上，情感和墨汁挤兑时间砚台中，画出墨线，粗淡不一，纸上留下痕迹，这是生命元素。

　　画面浸出凄凉景象，八大山人不是装出的悲苦。藏于日本《杂画册》，也有他画的芋头，诗中写道：

　　　云居鬼蒉屻嵝蒉，僧寺疏山与蜀岩。
　　　却上画图人脍炙，未向江澥说长镵。

　　八大山人《花果册》第一开，画过《芋头》，生活中蔬菜，不是高档珍品。他的人生观念与艺术观念紧密相连，人们称为

"芋头禅"。

八大山人艺术融入禅的哲学精神，主张无念思想，和洪州禅倡导的"平常心是道"相关。他笔墨形式的表现，贯彻一颗平常心。

有了理论基础，人生和艺术观念清晰明朗，做人处世方面，选择绘画题材时，少了功利的追求。芋头在八大山人绘画中多次出现，他的人生经历，也成为禅门和隐居生活象征。

一只喜鹊落在路前头，如同蹲伏的鸥，也带来好心情。中午清蒸买回的莱阳孤芋，配老家鸡蛋焖子，两种不同地域风味交融，必定有别样滋味。

闲话瓜子

葵花子，东北称为毛嗑。

文友从长春寄来《吉林省民间文学集成·乾安卷》，"儿歌"一辑中收入《小板凳》：

小板凳，四条腿，我给奶奶嗑瓜子。

奶奶说我嗑的香，我给奶奶煮面汤。

奶奶说我没搁油，我给奶奶磕两头。

小时候唱这首歌谣，几十年过去，直到今天，一字不差还能唱下来。编儿歌的人热爱生活，有着东北人的幽默。

明代农学家王象晋《群芳谱》记载，向日葵叫作"丈菊"。

人们发现白天，这种花的花盘跟随太阳转，由于这个原因，取名向日葵。

刘若愚，生于明代万历十二年（公元 1584 年），父亲官至辽阳协镇副总兵。十六岁时，"因感异梦而自施宫刑"，万历二十九年入宫中。他记录明太祖朱元璋"喜爱用鲜西瓜子加盐焙干而食"，记下后妃和内侍的日常生活，写出《酌中志》一书。明代药学家李时珍《西瓜》中云："瓜子爆裂取仁，生食、炒熟俱佳。"说明瓜子是从瓜中取子，可生吃，炒熟更好。清代乾隆年间，潘荣陛《帝京岁时纪胜》，所记都是耳闻目睹，或亲身经历。除夕之晚，"卖瓜子解闷声"，与爆竹之声，"相为上下，良可听也"。瓜子不仅有葵花子，也有西瓜子、南瓜子。清代以前瓜子，应该是西瓜子或南瓜子，向日葵起源于美洲，十六至十七世纪，由南洋和俄罗斯传入我国。葵花子出现，代替西瓜子和南瓜子，晚清成为休闲小吃。

孔尚任，山东曲阜人，孔子六十四代孙，清初著名历史剧作家、文学家。孔尚任和洪昇，被称为"南洪北孔"。人们提起孔尚任，自然谈起《桃花扇》。二〇一七年十一月，北碚天气阴冷，连续半月雨不停下。出门带伞，夜晚梦都潮湿。我这个北方人，承受不了马拉松式阴雨天，湿疹又一次侵袭，吃起"湿毒清胶囊"，以药攻毒。有一天，文强从微信发来孔尚任《节序同风录》书影，我感觉惊讶，大剧作家竟写过这样的书。从当当网邮购，在潮湿的南方读《节序同风录》。孔尚任对生活观察细微，描述普通瓜子时写道："炒西瓜子装衣袖随路取嚼曰嗑牙儿。"一个"嗑"字，戏剧家描写得如此有趣。

我国文人对瓜子感情深，泡茶馆吃瓜子成为情调。丰子恺说："中国人具有三种博士的资格：拿筷子博士、吹煤头纸博士、吃瓜子博士。"丰子恺写了一篇《吃瓜子》，说得有情调。

苦茶庵主周作人说："中国喝茶时多吃瓜子，我觉得不很适宜，喝茶时所吃的东西应当是清（轻）淡的'茶食'。"周作人嗜茶，于茶道深有研究，著有多篇关于茶的文章。一九五〇年十一月，北京深秋，大雪不久来到了，四合院的平房生起炉子。周作人守着炉火，泡一杯清茶，他想应该有碟瓜子，提笔写道："落花生在明季自南洋入中国，吃瓜子的风俗不知起于何时，大概相当的早吧，在小说中仿佛很少说及，只在文昭的《紫幢轩诗集》中见到年夜诗云：'漏深车马各还家，通夜沿街卖瓜子。'"老北京吃葵花子，大锅炒熟。"五香葵花子儿"是另一种吃法，盐水同花椒、大料、小茴香、砂仁同煮，入味放席子凉一夜，第二天半干入锅炒熟。

剥瓜子凭手不行，必须用牙嗑，随手拿起瓜子，放在齿间轻磕。瓜子壳张开，瓜仁入口，咀嚼中漫出香味，刺激味蕾，呈兴奋状态。

一九八三年，我家从东北迁往滨州城，暂时没有安排工作，闲着无事。我家楼后不远处是电影院，经常去看电影。门前一个地排车，上面堆放炒熟的瓜子，旁边一摞报纸叠好的三角袋。买一袋两毛钱，摊主左手拳起，不用攥紧，三角纸袋放入，右手拿搪瓷缸子，盛满倒入袋中。

电影开演前，影院里除了人声喧嚷，就是嗑瓜子声。电影散场时，人们踩着瓜子皮，走出电影院。

二〇一九年一月，我回东北老家住岳父家。冬天晚上气温降低，去附近炒货店买瓜子。推开门，满屋子瓜子香气，女老板看来客人热情相迎。她家瓜子炒得火候好，新从内蒙古进的瓜子，粒大饱满。老岳父当了一辈子中医，八十多岁了，不抽烟喝酒，只有一个爱好嗑瓜子。沙发一坐，总要嗑一把瓜子。

东北有句俗话："瓜子不饱暖人心。"吃一粒瓜子，就放不下手，控制不住吃的欲望，这东西缠人。

小区附近有小店，深秋时节，开始卖东北瓜子。每次经过望见东北两字，就想到家乡，买一些回家。苦茶庵主周作人说，"喝茶时多吃瓜子"，读书不能嗑，要不非弄脏不可。

进入十一月，今天路过那家店，"东北大瓜子"的牌子又挂出来了。炒瓜子香味飘荡空中，我与瓜子纠缠一番，终于拗不过，还是买些回家。

野家伙柳蒿芽

春天采野菜季节，孩子们唱："柳蒿芽，上锅炸，老太太吃了满炕爬。"儿歌听一次，永远不会忘记。

我在天宝山出生，五岁离开，每年学校放假，最高兴的事情是去姥姥家。有一天，我和三舅登通向山顶小路，中间土路高低不平。走在这条路上，一群乌鸦黑压压过来，喉叫着从头顶飞去，声音给寂静山野笼罩上一层神秘色彩。爬到半山腰，我坐在地上，累得气喘吁吁，不肯再往前走一步。

一排排工房，密密的烟囱，一缕缕炊烟送走岁月。这里长许多野菜，翻过山的另一面能采到柳蒿芽。野菜是多年生的草本植物，与其他山野菜不同，嫩的时候是菜，长大以后，就是粗大的蒿子。柳蒿芽似柳树叶子，又不相同。它喜欢潮湿草甸、河岸和沟边，柳条通处成片生长。每年从五六月开始，处暑前后结束。柳蒿芽采摘芽期，所以叫柳蒿芽。长高以后不能采食，茎叶变成老筋，多苦涩无法食用。

"柳蒿芽，下锅炸，吃不着的馋掉牙。"从幽默的顺口溜中，感受柳蒿芽散发的诱人魅力。柳蒿芽民间为它戴上三顶大帽子，"山野菜之冠、救命菜、可食第一香草"。这三种说法，表现柳蒿芽的生命史。一棵野菜，有着激动人心的历史叙事。由一片叶子，盘绕大地的踪迹延伸开去，窥见柳蒿芽实情，以及大地的风情与民俗。柳蒿芽为菊科多年生草本植物，嫩茎叶可食用，耐寒抗热。

达斡尔族人称其为"库木勒"，汉译柳蒿芽，每年五月第三个星期日是"库木勒节"。达斡尔族的先人们，经历过一场浩劫，凭借柳蒿芽度过危机。为了纪念"库木勒"挽救民族，达斡尔族设立了这个节日。

老百姓喜欢的山野菜，也是救命好东西。自然灾害时期，百姓无粮食吃，去地里挖柳蒿芽，做代食品填饱肚子，渡过难关。既解饿，又解毒，称救命草。

　　柳蒿芽能做许多菜，有一年去长白山，在农家中吃过柳蒿芽素丸子。做法不复杂，极其简单，土豆擦丝掺面粉，加入白胡椒粉，柳蒿焯水，芽剁碎，蛋清拌匀。左手攥适量馅儿，拇指压食指，成圈状，稍用力挤一截，右手持小勺，舀出投锅炸透。

　　柳蒿芽炖排骨为家常菜，吃一次便会怀念。处理过的排骨下锅，大火熬一会儿。我喜欢东北话的熬，它比煮和炖形象，土话表现地方特色，传递丰富内容。许多方言无法用现有的汉字表达，便口口相传。排骨熬到快脱骨，下入柳蒿芽，小火熬半小时，撒盐起锅。柳蒿芽不仅做这两样菜，还可做凉菜，凉拌柳蒿芽、柳蒿芽蘸酱菜，又能做酱香柳蒿芽、柳蒿芽炒鸡蛋、柳蒿芽土豆汤、柳蒿芽猪肉包子。

　　有一年回老家，我在海兰江边小饭馆，吃过一次柳蒿芽炖鱼，鱼和柳蒿芽熬在一起，鱼与野菜相互融入，鲜美无比。吃野菜，去山间小馆，远离热闹的地方。

第三辑 | 百味

碧油煎出嫩黄深

○五月二十一日

北京

醇香格瓦斯

○三月二十日

哈尔滨

京都茯苓饼

○五月一十九日

北京

马迭尔冰棍

○十二月十五日

哈尔滨

百姓情怀

　　梁实秋谈到冻豆腐，大受欢迎的一道菜。它可下火锅，也能做冻豆腐、粉丝烩白菜，炖酸菜就更有味道了。梁实秋听人家说过，玉泉山的冻豆腐风味独特，比其他地方的好吃，这与泉的水质相关。冻豆腐不是高贵的食物，味道细品差不多。这道菜出现，和地缘环境有关系。天寒地冻的天气，北方百姓在外面辛劳一天，回到家中吃一顿，既简便又热乎的饭菜。经常拿一大块锅盔，炖一锅连菜带汤的冻豆腐、粉丝熬白菜，然后痛快地一吃，他们很快乐。

　　白菜、猪肉、冻豆腐炖粉条是家常菜，一张方桌摆炕上，一家人围坐桌边，吃得其乐融融。炖菜时必须用大铁锅，做出的菜味道不一样。冬天炕烧得烫手，一盆炖好的菜端上来，热气勾引食欲。冻豆腐一冷冻一热炖，出现蜂窝状，吃在口中和新豆腐的感觉不同，有了另一种风味。冻豆腐和白菜、粉条、猪肉乱炖，没有大的名气，但吃一次忘不了。

豆腐是国中之宝，它的存在历史悠久，相传早年间，为汉高祖刘邦之孙淮南王刘安所发明。他在安徽省寿县与淮南交界处八公山上，烧药炼丹时，偶然发现石膏点豆汁，从此以后出现豆腐。从古代到现代，我国文人和豆腐结下不解之缘，瞿秋白在《多余的话》中最后说："中国的豆腐也是很好吃的东西，世界第一。"瞿秋白遗书中着重提及这种食物，是一种象征，豆腐纯净洁白，深藏他的情感。

梁实秋美食小品，引起多少读者喜爱。豆腐他说不尽道不完，能编写出大书，兴致很高地介绍几种吃法。

寻常中的凉拌豆腐，这是一道简单的菜。挑嫩豆腐洗干净，切葱花，撒盐加麻油，一拌均匀，即可上桌。如果浇上红酱豆腐汁，味道变得更好。

香椿多年生落叶乔木，树木高达十多米。椿芽不仅是食物，营养丰富，且具有药用食疗作用。每年春季谷雨前后，香椿发嫩芽，可做成各种菜肴。香椿叶厚芽嫩，绿叶红边，香味浓郁，有人吃不惯这种味道。梁实秋从小就是美食家，他喜欢香椿拌豆腐。在梁家后院有一棵"不大不小的椿树，春发嫩芽，绿中微带红色，摘下来用沸水一烫，切成碎末，拌豆腐，有奇香"。梁实秋提醒大家，千万别误摘臭椿，臭椿就是樗，李时珍在《本草纲目》中说："其叶臭恶，歉年人或采食。"梁实秋来台湾后，发现也有"香椿芽偶然在市上出现，虽非臭椿，但是嫌其太粗壮，香气不足"。梁实秋的口味，不是差不多能糊弄过关的，他尝过多样的小吃，见过世面。在当时北平有一样菜，和香椿拌豆腐相提并论，那就是黄瓜拌豆腐。

鸡刨豆腐太寻常了，它是普通家常菜。选一块老豆腐，拿铲子戳碎，类似鸡爪子刨过，略微翻炒。梁实秋又加一道工序，打碎鸡蛋再炒，熟时撒葱花。

锅塌豆腐和鸡刨豆腐，不是一样风格，味道做出来不同。豆腐切成长方块，厚薄自己拿捏，豆腐块蘸鸡蛋汁，滚上芡粉，放入热油锅炸。豆腐炸好焦黄，浇调兑的汁液，略微烹炖一会，即可出锅。豆腐据说可做成上百种菜，每菜风格别有滋味。

穆沐在一文中说："旧北京沿街叫卖的小贩，其吆喝声或清脆幽雅，或凄凉惨淡；抑扬婉转，劝人听闻。应时各种的吆喝腔调犹能感人。"梁实秋听过老腔老调吆喝声，卖"老豆腐"担子，一头锅灶煮老豆腐，另一端相应家把什，饭碗、小匙、酱油、陈醋、辣椒油、芝麻酱、韭菜末。小贩子吆喝"卤煮啊，炸豆腐！"他卖炸的三角形豆腐，加上炸豆腐丸子，煮得烂乎乎的调配上作料。

一九三〇年初，李璜在上海四马路，有一家叫美丽川菜馆的作宴请，在座的有徐悲鸿、蒋碧薇等人，席间上了"蚝油豆腐"。五十余年后，梁实秋回味当时情景，大号盘子铺嫩豆腐，"整齐端正，黄橙橙的稀溜溜的蚝油汁洒在上面，亮晶晶的。那时候四川菜在上海初露头角，我首次品尝，诧为异味，此后数十年间吃过无数次川菜，不曾再遇此一杰作。"

梁实秋余兴不减，又讲起北平掌故，"厚德福饭庄原先是个烟馆，附带着卖一些馄饨、点心之类供烟客消夜。后来到了袁氏当国，河南人大走红运，厚德福才改为饭馆。老掌柜陈莲堂是河南人，高高大大，留着山羊胡子，满口河南口音，在烹调上确有一手。"厚德福一道名菜"罗汉豆腐",他说尝过的人不多。一般食客,他不肯露出手艺,因为菜不是稀罕物,做起来麻烦,豆腐成泥加芡粉,捏成一个个小饼。放上肉馅捏成汤团,入锅炸一下,重新下锅浇料红烧。"罗汉是断尽三界一切见思惑的圣者,焉肯吃外表豆腐而内含肉馅的丸子,称之为罗汉豆腐是有揶揄之意,而且也没有特殊的美味,和'佛跳墙'同是噱头而已。"

梁实秋讲了多道菜,豆腐虽是平常食物,却藏有故事。

碧油煎出嫩黄深

九月底，白天气温三十一度，天黑凉爽起来。打开台灯，有了闲散心情，超逸兴致。读刘廷玑一则《油炸鬼》，蛮有意思：

东坡云，谪居黄州五年，今日北行，岸上闻骡驮铎声，意亦欣然。铎声何足欣，盖久不闻而今得闻也。昌黎诗，照壁喜见蝎。蝎无可喜，盖久不见而今得见也。予由浙东观察副使奉命引见，渡黄河至王家营，见草棚下挂油炸鬼数枚。制以盐水合面，扭作两股如粗绳，长五六寸，于热油中炸成黄色，味颇佳，俗名油炸鬼。予即于马上取一枚啖之，路人及同行都无不匿笑，意以为如此鞍马仪从而乃自取自啖此物耶。殊不知予离京城赴浙省今十七年矣，一见河北风味不觉狂喜，不能自持，似与韩苏二公之意暗合也。

刘廷玑，奉天辽阳人，清代著名诗人，小说和戏剧评论家，著有《葛庄诗集》《在园杂志》。

油炸鬼是现在的油条，传统的早点，松脆可口。油条各地叫法不一，东北和华北称为馃子，安徽有地方称油果子。广州一带叫油炸鬼，浙江呼谓更具形象，油条和老丝瓜筋相像，称为天罗筋。

油条起源可溯唐以前，具体时期不得考证。北魏农学家贾思勰所著《齐民要术》，记载油条制作方法，"细环饼，一名寒具，以蜜调水溲面"。胡仔编撰的诗话集《苕溪渔隐丛话》中云："东坡于饮食，做诗赋以写之，往往皆臻其妙，如《老饕赋》《豆粥诗》是也。"

清末民初，油条制作方法已与今无异，文学家徐珂《清稗类钞》写道："油灼桧，点心也，或以为肴之馔附属品。长可一尺，捶面使薄，以两条绞之为一，如绳，以油灼之。其初则肖人形，上二手，下二足，略如义字。盖宋人恶秦桧之误国，故象形以诛之也。"只是一种寄托人们爱憎的传说，油条于什么时间、由何人发明，考证无准确说法，留下说不清的文字官司。

咸丰年间张林西《琐事闲录》，系统梳理各地对油条的称呼。"油炸条面类如寒具，南北各省均食：点心，或呼果子，或呼为油胚，豫省又呼为麻糖，为油馍，即都中之油炸鬼也。鬼字不知当作何字。长晴岩观察臻云，应作桧字，曰秦桧既死，百姓怒不能释，因以面肖形炸而食之，曰久其形渐脱，其音渐转，所以名为油炸鬼，语亦近似。"周作人读后，写有文字，对其论述说："秦长脚即极恶，总比刘豫、张邦昌以及张弘范较胜一筹罢，未闻有人炸吃诸人，想这骂秦桧的风气是从《说岳》及其戏文里出来的。士大夫论人物，骂秦桧也骂韩侂胄更是可笑的事，这可见中国读书人之无是非也。"

读周作人对油炸秦桧的说法，条理清晰，而且客观公正。吃了一辈子油条，弄不清缘由，多么可笑的事情。每次遇上油条，记忆中总出现秦桧，明知不一定正确，却无法纠正过来。

女作家萧红在《回忆鲁迅先生》文中说："鲁迅先生的原稿，在拉都路一家炸油条的那里用着包油条，我得到了一张，是译《死魂灵》的原稿，写信告诉了鲁迅先生，鲁迅先生不以为稀奇。"当时二萧住在拉都路三百五十一号，有一天，萧红到大饼油条店买早餐，发现该店包油条的纸，竟然是鲁迅先生手稿，感到非常惊讶。她给鲁迅写信，生气地说这件事情。一九三五年四月十二日，鲁迅致萧军回信中说："我的原稿的境遇，许知道了似乎有点悲哀，我是满足的，居然还可以包油条，可见还有一些用处。我自己是在擦桌子的，因为我用的是中国纸，北洋纸能吸水。"鲁迅先生回信轻描淡写，未发一点愤怒，实则潜伏力量。

第二天早上，妻子去一家小店，这家店有附近炸得最好的馃子，每天都是新油。十几年间，在这家买油条，没有换过地方。

油条在东北，称大馃子。这个大字，不是赞美之词，而是真大，要比山东的大出一拃长。我老家豆浆不叫豆浆，叫浆子，说法亲切。小时吃一次大馃子，清晨要早起。五点钟，天没有透亮，睡得迷迷糊糊，被母亲喊醒。穿好衣服，左手拎暖瓶，右手拿草包筐，里面有塑料袋和棉垫子。街上看不见人，踩着吱嘎作响的积雪，去服务大楼买大馃子，排很长的队，运气不好时空手回家。买好的大馃子装塑料袋内，外层包上棉垫子，为了保存温度。暖瓶里打上豆浆变得沉重，走半路时，停下来歇一会儿，清寒中身上冒出汗。每次买大馃子都多买，剩下的母亲剁碎，和白菜馅拌在一起做菜包子。

读刘廷玑《油炸鬼》，又找出周作人《知堂谈吃》。一九三五年十月，他写了《油炸鬼》，意犹未尽，觉得未能全说清，一九三六年九月，又写《再谈油炸鬼》。通过引用刘廷玑《油炸鬼》，考据出油条脚踪史，他在苦茶庵打油诗中写道：

禅床溜下无情思，正是沉阴欲雪天。

买得一条油炸鬼，惜无白粥下微盐。

油条虽为普通早点，之所以讨得百姓喜爱，自有存在道理。不宜每天吃，隔三岔五来一次，感觉不错。

　　大作家张爱玲免不了俗，她文中写道："我进的学校，宿舍里走私贩卖点心与花生米的老女仆叫油条'油炸桧'，我还以为是'油炸鬼'——吴语'桧'读作'鬼'。大饼油条同吃，由于甜咸与质地厚韧脆薄的对照，与光吃烧饼味道大不相同，这是我国人自己发明的。"张爱玲不仅文字好，也真会吃。对于大饼油条，称为"中国人自己发明的"，这句话说明一切，对于传统文化深入骨髓。

　　歇后语，生活中创造的特殊语言形式，短小、风趣又形象。人们喜欢吃油条，前面加个"老"字，意思有了颠覆性变化，大人小孩明白，它是消极应付和不思进取的形象。"豆浆里的油条——软了"，指油条浸泡后变软，说人心虚胆怯了。"卖油条的拉胡琴——游（油）手好闲（弦）"，说的是游荡懒散、不愿参加劳动的人。油条和生活中一些事情分不开，吃是美味享受，歇后语是对社会生活的形象解读。

　　二〇一八年五月，我住在王府井大街附近的帅府酒店，门前有一条胡同，走出去，左边是一家饭馆，每天早上卖包子、油条、大饼和豆浆。一个中年男人，肩头搭着白毛巾，不断吆喝"油条儿"。

老北京人梁实秋爱吃油条，一生在外漂泊，先前在祖国大陆，后来到了台湾，烧饼油条是常吃的早点，台湾油条不够脆硬。"我生长在北平，小时候的早餐几乎永远是一套烧饼油条——不，叫油炸鬼，不叫油条。有人说，油炸鬼是油炸桧之讹，大家痛恨秦桧，所以名之为油炸桧以泄愤，这种说法恐怕是源自南方，因为北方读音鬼与桧不同，为什么叫油炸鬼，没人知道。"走南闯北几十年，梁实秋对饮食见多识广，喜欢听油条压碎声，这是一种态度，是对过去的回忆。梁实秋对于叫什么不在乎，对童年食物喜爱，一生不改。

随着人们对食品卫生的重视，油条失去往日地位，卖油条的摊，大多打出"无矾油条""无铝油条"的牌子。每次上早市，路过炸油条的摊位，过去瞧一会儿，早点师傅在抹油案板上，醒透面团放上，拉成条，用擀面杖压扁，剁成一截截。两条摞在一起，筷子在中间压一道槽，轻捏两头，旋转拉成长条，放入滚沸油锅中。他边炸边不断翻动，一根金黄色油条漂浮起来，出现在眼前。

妻子从早市回来，拎着买回来的油条。这是我昨天读刘廷玑《油炸鬼》的延续，满口香的油条，那些文字形成庞大历史，需要一点点回味。

浆果五味子

九月中旬，去敦化住在老白山旅游地雪村。李玉廷师傅开着钱江一二五，拉着我去二秃子山，在林中遇到五味子。

我们来时过了摘采季节，枝上剩有零星果实。摘几粒，味如同《神农本草经》所说："其果皮肉甘酸，核中辛苦，都有咸味，此则五味具也，故名'五味子'。"在山野中神情气净，五味子别有风味。李玉廷师傅讲起几年前，和爱人在采伐线八十七号地收五味子。他爱人听见响声，对他说有人来了。往前是一棵风倒木，刚想跳过去，却看到一头黑瞎子。两人吓得大气不敢喘，一路狂奔，赶紧下山，不敢再采了。

李玉廷师傅讲的故事，不是虚构，而是亲身经历。美国作家马克·吐温说："有时候真实比小说更加荒诞，因为虚构是在一定逻辑下进行的，而现实往往毫无逻辑可言。"真实没有想象，不可虚构。

黑瞎子体毛黑亮而长，下颏白色，胸部有白斑。头部宽圆，耳朵大眼小，嗅觉和听觉灵敏，顺风可闻半公里的气味，能听清几百米外的脚步声。因为视觉差，故有"黑瞎子"称号。黑瞎子生活在山地森林，主要白天活动，善爬树和游泳，能直立行走。吃东西较杂，以植物叶子、果实、种子为食，有时吃昆虫、鸟卵和小型动物。黑瞎子身体粗壮，森林中，遇上这么大的动物，把它惹急眼了，发起火来是危险的事情。李玉廷师傅对遭遇轻描淡写，作为听者后怕，如果发生意外，后果不堪设想。

二〇一六年十月五日，微信圈看到胡冬林发的长白山五味子图，他说："遇到几株五味子藤蔓，没有采摘，这里是熊领地且正值熊大吃增膘的黄金季节。它吃下果实排出籽粒，会到处播撒植物种子。"胡冬林是自然文学作家，满族扈什哈里氏。他有一张森林写字台，大青杨树墩做桌面，原木轱辘当凳子。他在跑山过程中，发现一处废弃打尖地方。经常每天步行四十多分钟，从住处到这里观察和写作。微信在收藏夹中保存，至今未删除。

苦其他，鄂伦春人的叫法，它也是本民族的饮料，每到秋季，五味子红红的，一串串挂在树上。人们采集五味子，晒干储备起来。每次喝时，将五味子用开水冲泡，又酸又甜，经常喝五味子汤，不仅能解渴，而且还能提神醒脑，对神经衰弱有改善作用。

"长白山三杰"之张凤台，河南安阳崇义村人，被派到苦寒之地的东北做官。他主政长白府期间，广征博采，编著《长白汇征录》，记载长白府疆域、山川风俗以及物产资源，名胜古迹，具有重要史学价值。他在草木一则中说："五味，春初生苗，引蔓于高木，其长六七尺，叶尖圆类杏叶。季春初夏开黄白花，状类莲花。七月成实，丛生茎端，如豌豆许大，生青熟红，或紫黑，种类不一，大抵相近。采时蒸干，长属界高丽，所产宜良，行销内地，每岁所值次于人参。"

《长白汇征录》记述五味子功效，采收时间及加工方法，当时在内地销售情况，每年的价值，仅次于人参。

　　五味子，俗称山花椒，有多种叫法，满语为孙扎木炭。满族民间使用鲜枝条，代替花椒味。中医四大经典著作的《神农本草经》，称五味子为上品。"果皮肉甘酸，核中辛苦咸味，具有五味，所以叫五味子。"晋代葛洪编著的道教典《抱朴子》中载："移门子服五味子十六年，色如玉女，入水不沾，入火不灼也。"道教认为道是化生万物的本原，一种山野果子，被赋予奇特的色彩。五味子得名，源于宋朝的名医苏颂说过："五味皮肉甘酸，核中辛苦，都有咸味，此则五味见也。"明代药学家李时珍说："五味，今有南北之分，南产者，色红；北产者，色黑，入滋补药必用北产者乃良。亦可取根种之，当年就旺；若二月种子，次年乃旺，须以架引之。"中药常用北五味子入药，北五味子红色、紫红色或暗紫红色，果味酸，粒大而肉厚。南五味子较小，红色或棕褐色，果实皮薄而脆，有淡淡的酸味，表面黄棕色。

　　在二秃山采了一些五味子，带回雪村住地宾馆。我装在瓷碗中，拍下一组照片发微信圈。几个朋友点赞，让帮助买北五味子。

朋友送一袋北五味子，回山东家中，洗净泡入药酒。看到酒中鲜红的五味子，粒大诱人，回想李玉廷师傅讲的故事，有些传奇色彩。

糯米打糕

　　大杂院几十户人家，当初属于京剧团宿舍，后来各种各样的人搬进来，院子变得复杂，剧团的家属没有几家了。一九七〇年，随父母搬进大杂院。在那里住十几年，自己成为大杂院中一分子。

　　前后排房子间，隔一条小胡同，参差不齐的木板障子，圈成独立院落。我家住在大杂院的最后一排，隔几户是王姓人家。邻居是一户朝鲜族人家，主人朴占星，运输公司的司机。他常年跑车在外，见过世面。看见他家在院子里放上木槽子，糯米淘洗净做打糕，家中一定来贵客。

　　打糕槽，一般用桦木凿制，两头通开，内壁斜面直立。打糕椎成对，椎头为圆柱形状。蒸熟糯米入槽内，蘸水略捣，使它呈泥状。打糕椎蘸水，将其打成面饼。打糕是朝鲜族传统风味食品，糯米放到槽子里，用打糕椎砸打，故名打糕。打糕有两种，一种是糯米做的白打糕，另一种是黄米做的黄打糕。

朝鲜族有一句俗语"夏天吃打糕，像吃小参"。十八世纪朝鲜族的打糕称为引绝饼。每当过节或红白喜事，每家都要做打糕，招待亲朋好友。打糕制作方法复杂，米放水里浸泡，捞出来上锅里蒸。熟后的米入木槽或石槽里，用打糕椎反复捶打。两人面对面，站在槽边交替捶打，为了打出的糕均匀，不时地一人捶打，另外一人翻动糕团。朝鲜族视打糕为上等美味，每逢年节，喜庆的日子，打糕是必不可少的食品。谁家忙着做打糕，不用问情况，这家有大喜事。打糕不仅用来招待客人，也是亲友互赠的礼品。

一九七九年，我在延边银行知青印刷厂，三班倒的工作把时间弄乱，清晨交班，工友金哲中午请吃打糕，那天是他二十一岁的生日。长这么大，从没有参加过朝鲜族朋友生日。我去百货大楼买了皮手套，当作生日礼物。户外天寒地冻，连续几天下雪，家中做不了打糕，他家买的打糕，和一些朝鲜族小菜。临走时，又给参加生日的人，带一份打糕作为回礼。

　　我老家在延边朝鲜族自治州，每年高考升学，父母们在高等学府大门外，天没有亮的时候，会把打糕粘到学校院墙上，粘得越高，代表孩子考上大学的希望越大。

　　离开老家三十多年，老家来亲友捎带打糕，让尝家乡味道。回去更不用说了，要去朝鲜族饭馆吃特色菜。济南洪楼有家朝鲜族饭馆，吃过几次。

利津水煎包

利津水煎包虽是普通面食，但在黄河口一带名气很大，提起无人不知。美食家古清生吃过利津水煎包，写下一段美文："其特色在于兼得水煮油煎之妙，色泽金黄，一面焦脆，三面嫩软，馅多皮薄，香而不腻，酥而不硬，色味俱全，堪称面食之佳品。"古清生不浪费一字，写出利津水煎包的特点。

中午不回家，单位没有餐厅，每天吃午饭打游击，吃遍周围小饭馆。包子铺去的次数多，腿懒不愿动弹，让同事捎几个利津水煎包，凑合一顿饭。

我被调到周刊，每年春节等节目单，不能离开办公桌。单位派人买几十个利津水煎包，编辑部的人吃一口包子，咬蒜瓣。利津水煎包特点，连续吃不厌烦。一九八三年，我刚来滨州，工作尚未安排，整天闲着无事，特别怀念东北老家。母亲了解我的心情，动员出去散心，她听人说博兴是董永的故乡。当地作家说，董永本为千乘人，千乘，即现今山东博兴，民国年间《续修广饶县志》记载："抑古侠女者流之行径。"明嘉靖三年（1524年），乡贤祠内供有董永牌位，后来百姓又在太和村建董永祠。董永后代分三支，长支在太和村，其中一支，迁居博兴县垄注河村，董永墓建在这里。母亲给了我二十块钱，让我去看古迹。从滨州到博兴，几十里路程，坐了一个小时客车。街头人稀少，走完两条街未发现有关董永古迹。中午时分，在路边露天摊，几张小桌子，四周散落马扎。面案子前，竖着"利津水煎包"的牌子，扎白围裙的中年妇女正在包包子，旁边是煎包子的平底锅，灶里烧柴火。我坐在马扎上，扒了一头大蒜，牙捣蒜，就着白开水，吃了一盘利津水煎包。每次看见利津水煎包，便会回想起多年前在路边吃包子情景。

利津古县城，始建于金代明昌三年（1193年）十二月，因永利、东津两地得此名，至今八百多年。利津古城如同凤凰，头向东方，尾向西，出城门的三条官道，恰似尾巴的三根长翎，百姓呼之凤凰城。

利津水煎包始于清代，到现在有一百多年。民国初期，滨州和利津一带，百姓有句顺口溜："利津水煎包、蒲台面（条）、滨县名吃锅子饼。"

清朝光绪年间，利津县城和各大集镇，出现许多卖水煎包的铺子。民国五年，县城西街卖水户刘明远、刘凤刚父子，在小地方可是精明人。看到有商机可寻，去盐窝镇请水煎包师傅尚乐安，办起茂盛馆卖水煎包。他们不断改进包子工艺，形成自己风格，"皮呈金黄色，酥而不硬，馅多皮薄，香而不腻"。水煎包赢得顾客赞誉，老少可以享受。民间有句话："刘凤刚开了张，别处的水煎包不吃香。"

利津水煎包分为荤素两种，包子馅不拿油、盐和调料拌，称为干馅，它和拌饺子馅不同。包包子时剂子入掌中，先放菜馅，再放肉。包子呈圆柱状放在平锅内，水煎包口朝下，面糊水没过水煎包顶，盖上锅盖。汤汁收尽，拿细嘴油壶，浇入豆油和麻油，至水煎包底下，油煎起焦壳。吃利津水煎包，筷子拦腰夹起，咬一小口。馅中汤汁味厚，吃起来别有风味。

三月北碚，玉兰花开。我每天上嘉陵江边散步，回来去超市买菜。经过面食区看到小馄饨、包子和油饼，那里的包子缺少北方的大气，无法和利津水煎包相比。如果到利津水煎包师傅设的摊位，人们会大饱口福，改变心中包子形象。

老北京槽子糕

　　星期天早饭后，妻子上超市买东西，经过绿洲食品厂，在专卖店买了槽子糕。我拿起一个槽子糕，香气迎来。槽子糕老家叫鸡蛋糕，北京传统糕点，鲜鸡蛋加白糖和面粉，入模烘烤而成。顶部呈棕红色，底部微黄，吃起来松软。

　　清末民初徐珂编撰《清稗类钞》，是一本清代掌故遗闻的汇编，收录了许多未见于正史的内容。记录中说："京人讳'蛋'字，蛋糕曰槽糕，言其制糕时入槽也。"槽子糕可追溯至明清时期。乾隆皇帝及慈禧太后都喜欢吃槽子糕，特别早膳食用。清廷内务府文献记载，皇宫内的糕点房，合并到御膳房。制作的槽子糕，除了供宫廷，也作为祭祀祖先的供品。

　　北京有一段顺口溜："福禄和寿禧，没人和您比，三酥加五仁，您是阔气人。"这段话说出八大件的点心，这么有名的槽子糕，却没有入内。

北京人不叫鸡蛋糕，而称槽子糕，槽字表达一切。由于历史原因，在当时京城酒楼饭店中，忌讳蛋字，以蛋烹制的菜，不能直接称蛋。炒鸡蛋谓之炒白果儿、摊黄菜、炒木樨。鸡蛋汤，不能叫鸡蛋汤，却叫甩果儿。

一九〇八年，满族人唐鲁孙，生于北京，一九四六年到台湾。他出身富贵人家，打小出入宫廷，熟知老北京传统风俗和掌故，以及宫廷秘闻。年轻时在外工作，游遍全国各地，见多识广。他是美食家，对于槽子糕有特殊情感，他写过一篇《鸡蛋糕越来越美》，文章中说："北平有一种专卖旧式点心的像兰英斋、流华斋等铺面，据说这些店铺久历沧桑，由元而明清，几代相沿，惨淡经营而遗留下来的。足证早年间就有鸡蛋糕了，不过当时不叫鸡蛋糕而叫槽子糕。因为最初是打匀的鸡蛋，倒在长方形木槽里蒸，蒸熟再切条分块，最早本是皇家郊外祈福祭祀用品。"唐鲁孙是老北京人，应该知道对蛋的避忌，在异地他乡，写了一篇鸡蛋糕的美文。

柳泉居是北京著名八大居之一，始建于明代隆庆年间，已有四百多年，京城中华老字号。柳泉居店址在护国寺西口路东，是有名的黄酒馆。

柳泉居由山东人创办，三间门脸店堂，后边大院子。一棵大柳树下，有一口泉眼井，水清甜美，店主利用泉水酿制黄酒，回味悠长，被来往客人称为"玉泉佳酿"。柳泉居除了卖黄酒外，下酒菜富有特色，清代《陌闻曼志》中记载："故都酒店以'柳泉居'最著名，所制色美而味醇，若至此酒店，更设有看品如糟鱼、松花、醉蟹、肉干、蔬菜、下酒干鲜果品悉备。"

老舍先生小时候住的地方，与柳泉居隔一条护国寺街小杨家胡同。他创作《四世同堂》以此为背景。《正红旗下》也以这个地方为素材，提到了柳泉居，以及附近的"天泰轩""兰英斋"两老字号。

每回去老舍故居，走进丰富胡同十号，一些历史中的事情出现。当然想到美食，回味槽子糕。妻子买的槽子糕摆在面前，拿起一个走进记忆中。

紫藤挂云木

四月时节，在北碚看到紫藤开花。桂园宾馆的紫藤，老藤横斜，青紫色蝶形花冠，串串紫穗，悬于绿叶藤蔓中。紫藤民间喜种植，为长寿树种。自古至今，历代文人皆爱以它为题材，或咏诗，或作画。

青桐居士蒋廷锡，清代宫廷画家，他的《藤花山雀图》收藏于日本大阪市立美术馆。一棵老藤，盘榆树上绕，藤花飘荡，与飞鸟为邻。画下面的湖石、灵芝、兰花，和溪流对岸的荠菜，与藤花有一片空间。现代绘画大师齐白石，紫藤是他主要创作题材之一，其写过一首《画藤》，诗曰：

青藤灵舞好思想，百索莫解绪高爽。

白石此法从何来，飞蛇舞乱离草莽。

齐白石喜爱紫藤，几串花序垂吊的紫藤，娇艳美丽。几笔下来纵横交错的藤，层次丰富，色彩对比流畅，繁而不乱。清末海派四大家的吴昌硕，有一幅《紫藤图》，藤枝随心所欲，枝干雄健有力，气质苍老。

北京颐和园的霁清轩，慈禧当年喜欢住这里。一九四八年，暑假时，沈从文应好友杨振声邀请来此消暑。与他同行的有冯至一家，还有张兆和四妹张充和与傅汉思。霁清轩始建于乾隆一十九年（1754 年），建筑拥山而立，环境优雅。四十六岁的沈从文，在此身心放松，创作八篇《霁清轩杂记》，他在文中写道："一进门院坪空空的，迎面是霁清轩，梁柱楹角髹绿漆画上紫藤，别致得不免有点俗气。"沈从文观察生活细腻，写出"廊柱楹桷髹绿漆画上紫藤"，道出藤萝的出众。霁清轩是谐趣园的一部分，内瞩新楼前一株老藤，楼上有一副对联："万年藤绕宜春花，百福香生避暑宫。"

紫藤，也叫藤萝，五代南唐张翊《花经》有曰："紫藤缘木而上，条蔓纤结，与树连理，瞻彼屈曲蜿蜒之伏，有若蛟龙出没于波涛间。仲春开花。"紫藤绿荫藤本植物，一直为人们所喜爱。此花不仅供赏玩，它还是一种美食。

北宋科学家沈括《梦溪笔谈》中说："黄环，即今之朱藤也，天下皆有。叶如槐，其花穗悬，紫色，如葛花。可作菜食，火不熟，亦有小毒。京师人家园圃中作大架种之，谓之'紫藤花'者是也。实如皂荚。"沈括说"可作菜食"，清香味美，人们常采紫藤花蒸食。北京的紫萝饼和各地方紫藤糕、紫藤粥、炸紫藤鱼，都加入紫藤花。紫藤不是都能吃，紫藤豆荚、种子和茎皮有毒，不可食用。

老北京点心花样繁多，其中有藤萝饼。过去的人家都有藤萝架，吃起来方便。美食家唐鲁孙回忆故乡时说："有一年笔者让西四牌楼兰英斋做点藤萝饼，柜上另外做了二十个藤萝饼，是柜上送的，让我回家用瓷罐子收起来，保证留到年底吃，绝对不会走油发霉。这些饼是三十年陈猪油烙的，不但特别酥，而且放个一年半载保证不坏。"京果铺和南果铺经营的糕点，除了应节元宵、月饼和花糕以外，尚有应时当令的玫瑰饼、藤萝饼、五毒饼。铁狮道人富察敦崇，出生在铁狮子胡同一个大家族，成年之后，又在朝为官三十三年。他从实录写诸多琐碎事情，《燕京岁时记》中载："三月榆初钱时采而蒸之，合以糖面，谓之榆钱糕。以藤萝花为之者，谓之藤萝饼。皆应时之食物也。"紫藤饼，又叫藤花饼，以春天盛开的紫藤花作馅料。

一九九〇年三月，我调到《滨州广播电视报》工作。随总编去魏集采访，顺便去魏家大院。

回望那架紫藤，铺满青砖的甬路通向过去。拾起布满尘埃的历史。一段院墙，一方石台阶，一根道劲藤枝，如一册弥漫古典的线装书，记录庄园变迁，家族的兴衰。庄园里似乎响起主人的脚步声，粗麻线纳的布底鞋轻盈、舒服。主人踱过一道道门，走到有紫藤的私塾院，他想听孩子们的读书声。

声音纯真，犹如麦尖上的嫩水珠，主人露出微笑。当年建庄园，他正值事业巅峰期，祖先在这片土地种下希望。到了他这一代，观念和思想发生巨大变化，不愿在失望中度过一生。他在生意场苦苦奋斗，发展到如此规模，置下丰厚财富。身居偏僻的乡野，走南闯北，见过世面，明白多变而沉重的生活，想让家业延续下去。一片曾经贫瘠的土地，积淀厚重的传统文化，一百多年所经历的战乱、荒灾，没有毁掉庄园，它奇迹般遁脱。青砖的色泽，木制廊柱，传统四合院的建筑，在大自然风霜雪雨侵蚀中陈旧。主人和他的后人不在了。少有人呵护深深庭院，擦洗窗框的尘土。夜晚寂静，梦一个个破碎，灯烛熬尽最后一滴油，扑闪几下熄灭。在黑暗笼罩之下，没有一丝光亮，庄园融进大地。火焰止歇，烟臭越来越深，恰似涂在壁龛的家族谱系。紫藤在风的吹拂中，飘忽不定。风声沾着腐朽气息掠过院墙，越过平原吹向远方。风折断紫藤叶子，积满幽静的甬路，在青砖、旧瓦的大院，我们寻找什么呢？

我从东北来到鲁北平原不久，对当地风土人情、历史背景没有深刻了解，生活适应不过来，更不知道平原腹地深藏庄园。那时代所发生的事情，沉淀在青砖、翘瓦、紫藤纹理中。冬去春来，北归鸟群栖落枝头，休整旅途疲劳身体。屋瓦接堞的庄园和破败的城墙，在天空下显得苍凉。时间是神秘的，它能隐匿和破坏，也能向人们述说。

　　守园人是一位老人，在拱形门洞前空地，坐在马扎上，享受暖融的阳光。他穿着对襟棉袄，满脸皱褶透露沉静。阳光散落身上，我们向老人打招呼，他让进去自己浏览。谁能相信这里曾经人盛气旺，有过财源滚滚的日子。垂花门木雕刻被尘埃掩藏，残破地方分不清图案，福、禄、寿的美好祝福，给庄园带来过好运气，而今如过眼云烟。想象当年这里车水马龙，宾客乘着华丽轿子，扬鞭策马，在黄土道荡起尘土。他们远道而来，不辞旅途劳苦，或者谈生意，或者登门拜访老朋友。轿夫遗下脚印，流淌的汗水，埋在漫长黄土驿道，时间吞噬疾奋的马蹄声。地上青砖凸起、断裂，缝隙间枯萎野草，荣了又枯，枯了又荣。院墙与外面世界隔绝，院墙外是平原、村庄、道路、麦地，远处是黄河了。麦熟的日子，麦香随着热风涌进庄园，给人们送来丰收快乐。

　　我独自进私塾院，没有随人们一起走。迈过门槛，走上石阶，一棵道劲树伸延，枝蔓在空中扭舞。那棵树在印象中深刻，当时不知树名字，抚摸粗硬树身。抬头仰望泛黄叶子，绿网变得稀疏，透过网眼便是天空，想着黑夜和白昼旋出的年月。

夜晚读可怜的文字，更深人静，听见往昔的声音。来过几次错过花期，不知此花能做出藤萝饼。

紫藤，豆科紫藤属，古时称谓藤萝、招豆藤。它是攀缘缠绕性植物，干皮深灰色，其花紫色或深紫色。李白写过《紫藤树》：

紫藤挂云木，花蔓宜阳春。

密叶隐歌鸟，香风留美人。

诗生动形象，刻画紫藤的姿态和风采，通过吟咏紫藤，抒发对大自然的热爱，诗中有画，画中有诗，朴实无须雕琢，意境清新。

紫藤好看的花，可提炼芳香油，并有解毒、止吐、止泻功效。紫藤种子不大，有毒性。紫藤也是美食，采摘紫藤花蒸食，散发清香。

旧时每到了春天，北京人用花制作应时食品，其中就有藤萝饼。紫藤花四月盛开，香味甜淡，攀藤绕架，这是吃藤萝饼的时节。清末富察敦崇《燕京岁时记》中载："三月榆初钱时采而蒸之，合以糖面，谓之榆钱糕。以藤萝花为之者，谓之藤萝饼。皆应时之食物也。"食用紫藤花的风俗，延续至今。紫藤花焯水可凉拌，也可作为配料，制作紫萝饼、紫萝糕等各种风味小吃。

我又一次来到了庄园，工人在粉刷门窗、廊柱，修整墙院，把新烧的青砖补在残缺地方。尺寸适合，制砖造瓦的工艺先进，新砖未经过日晒雨淋，少了沧桑。站在一旁注视，分清新砖和旧砖的茬口。院子被阳光照得明亮，散发油漆气味。私塾门前的紫藤，这种树北方很少见，过去只有富人家栽种。南国佳木，在黄河岸边古老地方，经历一百多年风雨吹打，摆脱柔弱形象。流淌太阳汁液河水，滋润紫藤坚强生活。初秋时分，紫藤仍叶繁枝盛，椭圆形叶脉攀着架子，遮掩半个院落。

每次去北京，都未赶上开花季节。据说中山公园长美轩，做藤萝饼好吃。现摘现做，新鲜，口感好，饼中漫出花的清香，北京许多饽饽铺做藤萝饼，紫藤开花受季节限制，只卖春天一季，花败落子，不可能再做紫藤萝饼。紫藤花除了做饼，还有其他功效，是一味中药。紫藤炒熟，泡酒一斤，每天早晚喝一点，缓解筋骨疼痛。紫藤入菜是南方人习俗，许多人不知道，这种花可做出好吃的紫萝糕。

桦树汁液

　　手机相册封面，换上我在障龙沟拍摄的白桦树。窗外下起秋雨，打在玻璃上发出清脆的响声。

　　二〇一九年九月十日，上午八点三十分，团北林场职工李玉廷师傅，开着钱江125来到我住的雪村宾馆，陪我去障龙沟。前几年，一家影视公司在此拍电视剧，建了一些木头房子。摩托车在山间土路上奔跑，颠簸得厉害。我抓紧车子，提吊的心不敢放下，稍微不注意，一道土坎，一条深沟，一个石块，会使车失去平衡。倒地后的危险，不敢设想，到处是树茬子和灌木丛。我们没有戴头盔，潜伏的不安全，带来大麻烦。

　　尽管存在隐患，为了看到白桦林，我还是要冒风险。钱江125发出轰鸣声，风在耳边刮过。行驶半个多小时，终于透过李师傅肩头，望到原木搭建的木屋群，白桦树林使眼睛惊呆。

林间长满各种野草和灌木，红皮云杉，白叶梅，珍珠梅，萎蒿，野艾蒿，月见草，升麻。不久前，一场大雨过后，林间潮湿，李师不愿意让走进深处，怕有什么危险。我只好在林边拍照，镜头里白桦树不需要构图，选择角度。每一棵都是经典，都是不可重复的创造。

李师傅是土生土长的当地人，一辈子生活在林场。他说桦树皮过去做纸用，满族人做呼威船。现在人们采汁作为高档饮料，对身体有好处。白桦树长到一定粗细，才可以采汁，每年三月至四月为宜。采汁周期很短，只有十天左右，切开桦树皮，将流淌黏稠的汁液接到容器内，水调成稀汁当饮料。我知道桦树汁做饮料是在微信朋友圈，长春双阳文友发了张图，配有一段文字，当地饮料公司生产的白桦树汁。从这时开始，对白桦树汁关注。俄罗斯人很早以前采伐桦树，用来搭建房屋。在与白桦树接触过程中，流出的白色汁液，伐木工人们无意中尝试。饮用这种汁液解渴，发现微甜可口，直接饮用。经过相当长的时间，俄罗斯人有意识储存，白桦树汁成为受人欢迎的饮料。

二〇一八年十一月，文友送我一本《东北饮食文化》，鄂温克、达斡尔人把白桦树汁作为饮料喝。鄂温克族自称"住在大山林中的人们"，大多生活在大兴安岭一带的山林，包括外兴安岭至阿玛扎尔河、勒拿河上游等地。鄂温克族离不开山林，和生活联系密切。桦树皮占有一定位置，被誉为"桦皮文化"。

当客人来到家中，女主人手托银盘，给客人送上清凉的"查拉巴客"，这是鄂温克族人款待客人的最高礼仪。"查拉巴客"汉译为"从白桦树流出的液汁，大自然恩赐的美味"。白桦树汁蕴含多种营养物质，被称为"神奇的树水"，欧洲人称之为"天然啤酒"。白桦树汁液具有药用价值，《吉林省常见中药》记载："五月间将桦树皮划开，取流出汁液内服。每次二酒杯，日服一次。"《黑龙江常用中草药手册》中指出："树汁治坏血病、肾病，有清热解毒、治疗咳嗽气喘的作用。"白桦树汁具有抗炎作用，可隔绝外界细菌感染，促进细胞生长，俄罗斯人使用白桦树汁治疗烧烫伤。宋代《开宝本草》记载白桦树汁："苦、平、无毒。"白桦树汁富含多种氨基酸，被称为"血液的清道夫"。

小时候，每次姥姥来时，捎来许多白桦树皮，我家灶坑烧煤，每次烧火要先引火。坑膛里铺好劈细的柈子，最好的引火柴是明子，山里的风干倒木。白桦树皮也是好的引火柴，含有油脂以及香精油，燃烧中散发清香。东北林区，点燃新剥下来的白桦树皮，夜晚用白桦树皮制作火把，为赶路人驱赶黑暗。

清代流人对于白桦树有不一样感情。内翰林国史院侍读学士方拱乾，清顺治十四年（1657 年），因受江南科场案株连，一六五九年，被流放宁古塔，在此期间写下《桦树行》：

阿稽林子深百里，松桧蒙茸杂榛杞。

中有桦树高而疏，剥皮堪饰弓与矢。

本朝战伐起关东，器具常思用镐丰。

甲士三百隔年采，课皮不下征租庸。

站道传餐苦供给，余工采参兼采蜜。

天不厌兵害生成，特向深林产此物。

一树皮尽一树枯，更拣大者留小株。

本欲杀人身先死，树乎树乎何其愚！

《桦树行》写桦树的功用，描写采桦人生活的艰辛。清代以前桦树皮用来盖房，桦树皮房，满语汉译为"周斐"。《吉林风土杂咏十二首·周斐序》："桦木之用在于皮，厚者盈寸，取以为室，上覆为瓦，旁为壁墙、户牖。"魏晋南北朝时期的室韦人，采用桦皮造屋。赫哲人原来无房屋住，为了适应渔猎生产生活，以木头搭成框架，顶盖覆桦皮或草形成尖顶，四面用桦树皮围起来，这种木屋做撮罗。清末宣统年间，晚清诗人沈兆提在《吉林纪事诗中》写道："桦皮屋瓦板门垣，树皮草盖野人家。"这是真实写照，不带文学虚构。

元代书法家袁桷《戏题桦皮》中写道："褐裳新脱玉层层，红叶朱蕉谢不能。"其中"褐裳"是红桦树皮，外皮脱落露出内皮，玉般光洁，这便是"玉层层"了。南宋使臣洪皓出使金邦被扣押，流放到冷山教授女真弟子。没有纸张，只能就地取材，取桦皮抄写四书五经，传授儒家经典。

白桦树上生长着灵芝样的宝贝，叫白桦茸，也有呼之桦树菇、桦褐孔菌。白桦树上的药用真菌，呈炭黑色块状形态。明代药学家李时珍《本草纲目》记载："性寒味微苦，能利五脏、宣肠气、排毒气、压丹石、入热发、止血等。"

　　我去的季节是秋天，无法采到白桦树汁液。抚摸树干，鸟儿飞走，绿带翠凤蝶在草尖上掠过。明年春天，一定来白桦树林采树汁，这是一个约定。

醇香格瓦斯

二○一九年九月十八日，我来到哈尔滨，住在通达街一家酒店。刘丽华在楼下超市买了几瓶格瓦斯。每次来哈尔滨吃红肠、大列巴，必喝格瓦斯。我平时不喝饮料，一口不动，格瓦斯却是要喝的。

二○一六年三月二十日，案头摆着打印书稿，刘丽华第一本文化散文集是《建筑是活着的历史》。她不是锋芒毕露的性格，与她游走刀锋上诗性的文字背反。观察每一处建筑细节，用情感清洗积落的尘埃，打捞历史碎片。写作不是集体情绪，它是心灵呈现。

近两年开始，刘丽华文风发生变化，疾风骤雨般降临，涤清排遣过去小情调写作。闯进历史写作中，让精神撞向老建筑，发出青铜般回声。她内倾态度，决定创作目标和方向。这部作品以中东铁路成立之初为背景，以建城为载体，描绘哈尔滨百年老建筑历史、文化，以及相关人与事，追寻一段久远记忆。

沿着阿穆尔河流域，以轮船运输起步的俄国商人伊万·雅阔列维奇·秋林，从十九世纪中叶走来，他以商人的眼光，在哈尔滨创建秋林公司。随着中东铁路的延伸，取名秋林洋行，成为我国第一家百货公司。

二〇一六年五月二十一日，我来到哈尔滨，刘丽华陪同去北十八道街滨江关道衙门，俗谓道台府，一百多年前哈尔滨最高级别的行政机构，封建王朝最后传统式衙门。初期权限非常小，只是负责铁路交涉事宜和督征关税，无具体管辖地域。后期升为"吉林省西北路分巡兵备道"，成为清政府北方权力中心。

从道台府出来，去看刘丽华笔下的秋林公司建筑。临上出租车，买了两瓶格瓦斯，品尝中，等待走进秋林公司，探察老秋林的脚踪。

一八九八年，随着中东铁路的修建，大量国外人员涌入哈尔滨，俄国、德国、波兰、丹麦、奥地利国家的民众，以及流浪民族犹太人。他们大多因为战争来此，渴望在陌生的地方打开新生活通道。

哈尔滨面临巨大变化，处于小渔村与大城市转换中。秋林公司原名秋林洋行，始建于一九〇〇年五月，地点在香坊区草料街与军政街拐角处。商人伊万·雅阔列维奇·秋林，他出生地为俄国的伊尔库斯克市，早在十九世纪初期，他已在这座城市建起秋林公司，一天天壮大，垄断整个商业市场。

中东铁路尚未通车之前，伊万·雅阔列维奇·秋林，以商人敏锐的眼光，看好中国市场，将秋林公司总部迁至哈尔滨。

秦家岗高楼大厦非常多，城市发达程度高，街道纵横交错。在建筑群体中"新艺术"风格居多，秋林公司当属其中之一。秋林公司整体建筑三面临街，即环绕奋斗路、东大直街与阿什河街之内。深沉的灰绿色调，与周围林立的建筑形成强烈对比。

秋林公司前店后厂，生意相当红火。一九〇八年，秋林公司东西全由俄国运来，徽章代码精致考究与众不同。发酵饮料格瓦斯，被伊万·雅阔列维奇·秋林带入哈尔滨，走进千家万户。格瓦斯为音译命名，在俄语中是发酵的意思。它是含低度酒精的饮料，颜色与啤酒近似，呈金黄色。据说一千年以前，俄罗斯人祖先已经创制格瓦斯。以俄式大面包、麦芽糖为基础原料，放在竹筒里搅拌发酵而成。

秋林商场招聘年轻貌美的俄罗斯女青年为营业员，她们服务热情，大受顾客喜欢。门旁俄国老头看到来顾客，优雅地拉开门。顾客买完的东西，由售货员送交出门旁的包装处，服务员用秋林商标包装纸打包。顾客拿着交款收据，继续去别的柜台买东西，临走时一起拿走，整个过程人性化。

老建筑坐落在繁闹街头，它是城市的肖像，反映一个大时代影子。我们面对一座建筑，心中充满敬仰。这种情感不囿于它的老，从名字寻找血脉，每个建筑在时间中书写厚重的故事。走近每一段情节，回味每一处细节。

作家不限于档案的资料，截取一段小事情，蘸上情感作料，打上时髦的标签，她是一个冒险者，将地方志、口述史、田野调查融为一体，创作富有自己个性的文本。

老建筑的节奏与这个时代不相符，它带着对过去的沉思，抵抗流淌的时间，残缺部分是绝望的叹息。建筑是时代分子，它与个人史紧密相连，形成宏大历史。

我在秋林公司前的商店，又买了格瓦斯，口味比较适合。每次去哈尔滨，下车第一件事情，就是喝瓶格瓦斯，成为一种习惯。

黑色土豆饺子

坐在电脑前整理图片，随意中找出十几年前，陪同散文家格致和《民族文学》副主编李霄明游长白山拍的照片。我们都是满族人，对于长白山有不同于别人的感情。

哈尔巴岭南接牡丹岭，北至嘎呀河源头，接黑龙江省境内的东老爷岭，系牡丹江上游与嘎呀河、布尔哈通河上源分水岭，呈东北走向。哈尔巴岭站遗址，位于敦化与安图交界的哈尔巴岭西麓，哈尔巴岭屯东北的山脚下，它是清代吉林通往珲春驿路的驿站。

哈尔巴岭是长白山伸向东北的一条支脉，它的南端接牡丹岭。哈尔巴满语译为肩胛骨，大概因山形而得名。岭西坡为沙河之源，岭东坡为布尔哈通河源。这条驿路越过哈尔巴岭，沿着布尔哈通河的河谷向东，直抵边陲珲春。

《增订吉林地理纪要》记载，这条路是清代末年，为了珲春防务和延边开发而开辟。哈尔巴岭森林茂密，道路崎岖，至今遗留驿路的痕迹，被齐胸的蒿草掩埋。古老驿路废弃已久，经雨水冲刷，残宽仅两三米。在分水岭处，古庙址坐落于路北，庙址旁边，矗立着依克唐阿升任黑龙江将军时立的德政碑。

我在六顶山上敦化文物所的草坪上，看到依克唐阿碑，它远离哈尔巴岭密林，离开古老的驿道，被人为地迁到这里，成为受保护的文物。汉白玉碑经受大自然吹打，石质留下风雨痕迹。我在碑前面对远去的历史，这儿不是哈尔巴岭，当年他坐骑的蹄声被时间隐去，埋在古驿道下。热爱他的百姓，把一块汉白玉塑成碑，雕下一行行文字，记录他的丰功伟绩。我从一个个字中走进历史，在哈尔巴岭驿道，关注过往的人和事。

离开晖春防川，大家沉浸在历史中，一路上交谈。进入延吉地界，已是黄昏时分。延边作协的朋友，请我们吃朝鲜族风味。

松林阁位于延吉市北郊大成村，是一座仿朝鲜族古式建筑，黑瓦白墙，只是一家朝鲜族餐馆。在这里拍摄的二十六集电视剧《妈妈的酱汤馆》，在中央电视台播出，吸引游客慕名来用餐。在这里吃朝鲜族土豆面水饺，喝传统酱汤。酱汤做法不复杂，削皮土豆切成小块，豆腐同样切块，红辣椒几个，大葱切段，蒜弄成碎末，海带结泡发。搓白的淘米水倒入锅中，放大酱搅匀，放入海带结煮一会儿，接着放土豆、豆腐煮，加入豆芽、红辣椒、葱段与蒜末。

我二十岁离开家乡，过去吃过土豆饺子，又叫冻土豆饺子。人们将冬天冻土豆去皮，磨粉晒干包饺子，面皮非常好吃，是朝鲜族特色美食。冻土豆粉做皮，饺子皮呈黑色，馅没有什么讲究，随自己喜爱，受欢迎的是白菜猪肉馅和辣白菜馅。

延吉水上市场无人不知，每天早上五点钟营业，当地人喜欢去逛。每次回老家，我也喜欢去，买朝鲜族打糕、土豆饼和土豆饺子。边走边吃，早饭不用再吃了。

二〇一九年一月，我回老家，同学请吃饭，清一色朝鲜族风味。看着皮呈黑色的土豆饺子，回想多年前，与友人去晖春防川看三国交界处的情景。

整理照片，打了一个文件包发给朋友们。他们收到后，记忆一定回到那些日子，那是人生的记录，它不是虚构。

特色小吃

　　北碚连续多天下雨，见不到阳光，人生活在潮湿中。二〇一五年五月，妻妹带着女儿从老家延吉来，去四川广汉中国民用航空飞行学院考试。

　　妻妹坐飞机来，南北两地距离遥远，带来几袋真空包装的食物。妻妹回东北后，高淳海上学校，中午不回来，我拿出米肠切片，再拿几块"散状"，上屉馏热，剁几瓣大蒜，倒入辣椒油，味美鲜调成蘸料。在南方阴郁的日子，品尝老家食物。

　　散状朝鲜族小吃，一直被认为是满族食品，近日才解开这个谜。散状汉译名字，其实是朝鲜族的散状糕。

　　散状糕做法不复杂，糯米面和大米面按比例备好，笼屉铺布撒匀豆子，和好面铺上去，每铺一层喷水，面过于干蒸不熟，过于稀不成形。适量的厚度，再放豆子扣上锅盖，大火蒸熟。

二十世纪七十年代，因为生活困难，粮食国家定量供应，细粮少，粗粮多。粮店苞米面带皮子不好吃。一天三顿苞米面，对此产生厌恶感，提起它头疼，我宁可饿肚子也不动一下。母亲做菜包子，打多一些馅，烀大饼子起嘎巴。母亲做的发糕，借鉴散状做法，材料改为玉米面，多放豆子，吃起来香甜。

发糕是传统美食，大众化食物，以糯米为主要材料。它不囿于地域，南北方都做。发糕制作应用糯米，糯米洗干净，放入清水中泡成米浆，工序繁杂，不可粗心大意。米浆除去颗粒物，加白糖和发酵粉，搅匀倒入蒸笼。蒸熟以后，取出放凉切块。发糕有吉祥的寓意，作为动词的"发"，发财、发富、发家，离不开这个字。发糕用于寿诞、婚嫁礼仪中，成为喜事小吃。

读到关于发糕的小故事，不知真假，但挺有意思。"农家小媳妇在拌粉蒸糕时，不小心碰翻灶头上的一碗酒糟，眼看酒糟流进米粉中，小媳妇急得想哭，她不敢声张，怕遭到公婆的责骂，把沾酒糟的米粉依旧拌好，放在蒸笼里蒸。谁知酒糟的发酵作用，使这一笼糕蒸得松软可口，还有一股微微的酒香。"因祸得福。

现在家中不做发糕，母亲不在了，不可能吃她亲手做的发糕。

每次回延边老家，天气凉爽，带散状回到滨州，放入冰箱中多吃几天。现在从网店能买到散状，快递时间短，这是过去不可想象的事情。尽管快速便捷，但我觉得在旅途中，散状离开原生地发生变化，感情不一样。

京都茯苓饼

　　茯苓饼，又为茯苓夹饼，老北京传统名点。皮薄如纸，颜色白雪一般。茯苓药食同源，古时称"四时神药"。

　　二〇一九年五月十九日，我因急性阑尾炎住进医院，需要手术治疗。出院后，收到北京朋友快递驴打滚和茯苓饼，让我补身子，这种友情难忘。

　　二十世纪八十年代初，我父亲在北京修改长篇小说《浮云》，回来时带的茯苓饼，这是我第一次吃。对于茯苓两字感兴趣，我父亲好中医，经常翻一本老药书。小妹患中耳炎，在医院打链霉素都不起作用。他在书中找到老药方，黄连、冰片和硼砂，锅中熬一小时左右，用网滤除渣子。每天往耳里滴，几天后小妹病症好转，直至痊愈。觉得老药书是本神奇的书，从此对它有些崇拜。我在药书中找到茯苓，对失眠多梦、心悸、心神不宁，有辅助治疗作用。

茯苓寄生松树根上，外皮呈淡棕色或黑褐色，内里则呈粉色或白色，加工后为白茯苓或云苓。我国最早的一部百科词典，三国魏明帝太和年间张揖编纂的《广雅》记载："伏神，伏苓也。"他在这时候，已经对伏苓有了清楚的说法。《齐书》中曰："陶弘景，永明中上表辞禄。许之，赐以束帛，敕所在月给茯苓五斤、白蜜二升，以供服饵。"陶弘景是医药家、炼丹家，懂得养生服食诸道，人称"山中宰相"。西汉时淮南王刘安修《淮南子》，首次说起："千年之松，下有茯苓，上有菟丝。"西晋张华编撰的我国第一部博物学著作《博物志》曰："仙传云：松柏入地中，千年化为茯苓。茯苓千年化为虎魄，一名江珠。今太山出茯苓，而无虎魄江珠。益州永昌郡出虎魄，而无茯苓。或云蜂烧巢所作，未详二说。"

清代文人俞樾，想起过去吃的美食，由此而引发感想，有了作诗的兴致，他在《忆京都词》中写道："忆京都，茶点最相宜，两面茯苓摊作片，一团萝卜切成丝。不似此间恶作剧，满口糖霜嚼复嚼。"老先生题词后，诗兴不减，随即自注："京都茯苓饼萝卜饼最佳，南人不善制馅，但一口白糖，供人咀嚼耳。"俞樾对茯苓饼思念之情从不改变，牢记在心，时刻不忘。文字里透着情趣，让人忆起过去北京小吃。

俞樾，清末大学者，现代诗人俞平伯的曾祖父。章太炎、吴昌硕、日本汉学家井上陈政这些名人，都是其门下的学生。俞平伯三岁时，曾祖父俞樾写过一副对联给他："培植阶前玉，重探天上花。"

俞平伯有这样的曾祖父，自然不甘落后，他是散文家、红学家，中国白话诗创作的先驱者，与胡适称为"新红学派"创始人。

祖孙两人以文为生，虽所处时代不同，但血脉是不可改变的。俞平伯出自读书人家庭，良好的背景，先人书读得好，形成家族文化模式，对后人影响很大。

一九二二年，朱自清、俞平伯、叶圣陶和刘延陵，共同创办中国新文学史上第一个诗刊《诗》。虽只出版了二卷七期，却富有新诗的生气，既刊载新诗，又发表评论。团结一批年轻的新诗人，活跃沉闷的诗坛。

夜色中秦淮河，流动的水波上，浮着一片月光，"看起来厚而不腻，或者是六朝金粉所凝么？"朱自清用厚而不腻形容水，可见对水的独特感受。他们坐上船的时候，天色未黑透，明与暗交替时分，秦淮河荡漾的柔波，有着羞涩恬静、阴柔的委婉。当黑暗降临，它会一反常态，变得比白天热闹。空气中的水腥味，挟着脂粉香气，追逐一只只游船。行驶中碰到迎面船上闪烁的光芒，如同梦的眼睛。每只船上的故事，随着桨声和水声，向远方流淌。每个游人享受自然美，听到久远的历史。

两个友人坐在前舱，头上是隆起的顶棚，他们看着岸边停泊的船，灯光中船上走动的人影，有了朦胧诗意。朱自清在散文中写道："文字中弥漫着诗，诗中有画的特色。"他不是滥情的描写，朴素中表现出美学。

两个人商量好，各写一篇游记，对事物感受不同，即使是好友，他们的观察点不会相同。俞平伯第一次游秦淮河，更多是主观的感受，少了借景抒情的文字。这就是散文史上同题名篇《桨声灯影里的秦淮河》的诞生背景。

聚顺和创立于清朝末年，一九〇九年，在煤市街的聚顺和栈登记开业。创办聚顺和的是从山西文水来京的任百川，既勤劳，又节俭，老成持重。在民国时期，聚顺和经营果脯，更兼营南北珍异难得的货，以及南北风味糕点。

台湾作家高阳称"华人谈吃第一人"，自号"馋人"的唐鲁孙，回忆中记述："当时北平的果脯、干果海味店，除聚顺和外，久负盛名的还有隆景和等铺号。这类铺子都是山西人经营，从掌柜的到学徒，全是山西老乡，所以大家都管他们这类铺子叫山西屋子。"可见当时山西商人，为人处世真诚，尊重事实，信守承诺，赢得人们信任。

一九一五年二月，旧金山市举办巴拿马太平洋万国博览会。北平隆景和干果子铺的少东家任百川，对于新思想接受得快，头脑灵活，很有创新意识，他觉得这是一次机会，想把柜上的果脯送去参赛。老掌柜保守古板，对此事不感兴趣，认为货好不愁销路，不愿意凑热闹。这位少老板实在没有办法，找大栅栏聚顺和干果子铺商量，拿几样聚顺和做的果脯，以聚顺和的名义送去比赛。国际裁判品评结果，大出意外，一致认为展出的果脯，饱含东方美食风味。中国果脯成为公认珍贵食品，聚顺和得金质优胜奖章，也就有了聚顺和的茯苓饼，天下第一。

慈禧太后喜爱茯苓饼，她从陕西大逃亡，返回京都之后，身体状况不如从前，感觉心里想做事，力不从心。心慌跳得快、失眠多梦、烦乱不安。

一天有人说，香山法海寺老方丈擅长治病，请太后不妨一试。慈禧求医心切，马上让李莲英安排，让老方丈到香山行宫见驾。

老方丈见驾之后，察看慈禧的神情，没有说出病因，也不题笔写药方。他拿出几个小圆饼，安嘱每日早晨吃，观察几天后，看效果如何。

慈禧回宫后，太医和御膳房的名厨，去法海寺向老方丈请教，试制茯苓饼。慈禧按照老方丈的说法，每天食用。一段时间过去，神清气爽，心情舒畅，犹如过去一样。从此之后，慈禧每日必食茯苓饼。现在北京茯苓夹饼，就是慈禧当年食用的茯苓饼演变过来。

这个传说是真是假，无法考证。但历史记载，慈禧太后喜爱茯苓饼，这不是编造的。如今市场上的茯苓夹饼，与传统茯苓饼不同。茯苓饼制作方法，宋代苏颂中药学著作《图经本草》中有载，大意为"将茯苓研末，浸在酒和蜂蜜中密封月余，就成了味道甘美的茯苓酥。再将茯苓酥制成手掌大小的薄饼即是"。

中医认为，脱发的主要原因是血虚，治疗脱发有两味最好的药，"一是何首乌，二是茯苓"。近年来人们在研究茯苓药理过程中，又有新发现，茯苓多糖，增强人的免疫功能，防病抗病，以及延缓衰老，尤其老年人养生最好。

回济南探望老父母，晚饭后唠嗑，谈起过去的生活，父亲在北京回来时，带回的小吃，尤其是似雪般的茯苓饼最让人难忘。我在书橱找出《旧京人物与风情》，随着书中的文字在当时北平转悠，钻进小胡同，听小贩叫卖声，迷恋旧时生活。

爆米花香

小区外，渤海九路修暖气管道，运输管子的碰撞声打破夜中宁静。我被响声惊醒，睡意消失，清脆声从窗外传进。看了一眼时间，凌晨三点半。

躺在床上闻到爆米花香味，吸一口空气，味道随之而来，带着诱人的欲望。妻子白天去南洋大集崩的爆米花，放在卧室中。尽管装塑料袋中，保持干燥不受潮，香味就有这么大的能耐，还是钻出来了。

中医强调："少吃一口，舒坦一宿。"暴饮暴食造成身体负荷，要懂得节制。现在晚上不吃主食，只吃一根黄瓜或一颗苹果。睡眠中不觉得饿，睡不着时肚子饿，想吃爆米花。小时候，新崩爆米花香气大，半夜偷偷下炕，拿几粒躲被窝里吃。

秋天收获后，大杂院经常来崩爆米花的李师傅。推着独轮车，一头装着机器，一边放煤炉子。随着一声嘭响，不用吆喝，院子里的孩子们，甚至大人也出来凑热闹。大杂院中的一片空地，一棵弯扭的老榆树，李师傅选在这里支起摊子。小火炉烧旺，上面是个铁架子，放着圆肚子压力罐，一端摇柄，摇柄和铁罐相接处是压力表。顶端是密封盖子，旋转机头螺杆对机盖加压，利于密封。李师傅打开压力罐盖子，倒几杯玉米，有人喜欢放糖精，这看个人的喜好。

李师傅看不出年龄，脸炭黑，戴着白线手套，辨不出原来的颜色。他穿一件旧中山装，坐在小板凳上，左手摇压力罐，右手拉风箱，他冷静地观测火焰强弱，眉头紧锁，身体的每一处线条，都流露出沉着与坚定。几十年，我只要吃爆米花，就会想起这个形象。炉里火燃烧舔舐压力罐，转动差不多了，压力罐内苞米受热均匀。机内密封受热，压强逐渐升高，气压表的指针指向所需压强。

端口废轮胎被包裹成筒状，连接长布口袋，末端敞口。压力罐从炉上拎下来，对准地上的筒子里。压力罐盖的联动杆，从小窟窿中伸出来。李师傅脚踩住压力罐，稳住神情，加力管套在小弯头上。扳动小弯头，搭扣脱开。李师傅一扫沉静，一声大叫，让人把布袋另一头卷好，拿脚踩牢。他握紧铁管发力，双唇紧闭，一只脚踏大地，撬动联动杆，嘭地在耳边炸响。在机内压力的推动下，机盖打开，高压气体挟带苞米喷射出来。苞米内部气体向外扩张，苞米爆裂开，布袋子被爆米花充满，白雾裹挟着香气在空气中弥漫。买爆米花的人，把爆米花装入口袋中，高兴地往家走去。

我家吃爆米花，父亲不允许放糖精，至今为止，他的举动令人不解。大榆树下响起"嘭"的一声，崩爆米花李师傅来了，我家不是每次都崩一锅，有时望着别人家孩子，拎口袋走过。

二〇一八年，我们一家在北碚过春节。母亲不在了，家也不存在了，在异地他乡过年，想起和母亲有次视频，她说想吃爆米花。妻子去南洋赶大集，崩两锅爆米花快递过去。

大年初二，高淳海请我们去看电影《红海行动》。他买了一桶爆米花，吃起来觉得不如过去的味道。其实这种爆米花，比过去的好吃，为什么记忆不肯改变，无法说清楚。

北方深秋，霜降已过，一天天变得冷。我在写一部书稿，每天在与文字较量。妻子去南洋集崩一锅爆米花，让我写作中休息，吃一些缓解疲劳。爆米花装在塑料袋中密封，如果露外面，受潮不香脆。

我躺在床上，想起一句歇后语觉得有意思："烟袋锅炒爆米花——有话直说。"歇后语机智幽默，代表东北人性格。在空气中品味爆米花香味，盼着天亮吃一把。

马迭尔冰棍

康熙三十四年（1695 年），建亭人江藻所题陶然两字。取意于白居易"更待菊黄佳酿熟，与君一醉一陶然"诗中句。

按江藻所说"一醉陶然"，回味正浓，绝对意料之外，料想不到的事情发生。当我们在陶然亭公园游逛，看完陶然匾。一辆仿古汽车上，有中华老字号马迭尔冰棍商标，一些人围着买冰棍。看到这个商标感觉亲切，去哈尔滨吃红肠、大列巴和喝格瓦斯，上中央大街吃马迭尔冰棍。

二〇一二年十二月，第一次去哈尔滨，我和朋友夜晚去中央大街，他说请吃马迭尔冰棍。深夜十一点多了，寒冷冬夜，溜着西北风，一身寒气包围，手懒得伸出来。这样天气的夜晚，为了吃一根冰棍，跑到中央大街，让人听后觉得可笑，甚至荒诞。想不到的是，在冷饮餐厅，吃的人这么多，等了几分钟。

朋友土生土长，他写的一些诗描写哈尔滨老建筑，有一首写中央大街，马迭尔冰棍的味道。他对哈尔滨的历史了如指掌。我初来这座城市，对于冰天雪地吃冰棍这种反常现象不可理解。他讲述一个故事，清末民初，随着中东铁路的建成通车，犹太人坐火车从欧洲来哈尔滨，看到这里的商机，进行投资创业。法籍犹太人约瑟·开斯普眼光独到，他是第一批来哈尔滨的淘金者。一个外来商人来此经商必有独到之处，不仅为了赚点小钱，他具有长远的眼光。阿勒·尤金洛夫是巴黎大学建筑学毕业的高才生，一九〇一年，在莫斯科失意，一个人漂泊到哈尔滨，与约瑟·开斯普相识，初次相见情投意合。在这座新兴城市，约瑟·开斯普为阿勒·尤金洛夫提供发挥自己志向的舞台，设计出异乎寻常大作，俄译汉的意思"摩登的、时髦的、时兴的、现代的"，音译为"马迭尔"，其名与建筑风格一致。约瑟·开斯普自豪地说："马迭尔一定会风流一百年！"这种三层建筑式样，流行于十九世纪末二十世纪初的欧洲，代表路易十四风格，高雅而不尘俗，富丽堂皇。

一九〇六年，约瑟·开斯普在哈尔滨创建"马迭尔宾馆"。一九三二年八月，哈尔滨遭受大水灾，约瑟·开斯普和几个人，在马迭尔宾馆门前合影。他穿着白衬衣，齐膝短裤，深凹的眼眶，藏着智慧的眼睛。左手端腰间，右手垂落。捕捉约瑟·开斯普的神情，他内心丰富，可能在筹划新目标。这几个人可能是朋友，也可能是合作伙伴。

一九一八年，约瑟·开斯普已不是初来中国的商人，成为远东珠宝商、当时哈尔滨最高档马迭尔宾馆的老板。

流亡的白俄贵族，来到了哈尔滨。他们穿戴整齐，女人披金戴银，在马迭尔餐厅硬撑面子，十分讲究，将面包、酸奶撒在罗宋汤中，细嚼慢咽，回味过去的贵族生活。

在此期间，发生过一个传说故事。有一天，潦倒失意的白俄贵族，晕倒在马迭尔宾馆门口，被约瑟·开斯普好心救下。为了报答救命恩情，他把出逃时从宫廷带出的冰淇淋秘方，交给约瑟·开斯普。

约瑟·开斯普按照秘方，制作出来的冷饮"甜而不腻，冰中带香"。产品一经卖出，广受白俄贵族欢迎。当时只有社会名流才能吃到这样的营养冷饮。经过反复研究，调试口感与形状，最终定为"方方正正的马迭尔冰棍"。一九〇六年，马迭尔冰棍开我国冷饮业的先河，沿用至今。

我们一家人意想不到，在陶然亭遇上马迭尔冰棍。高淳海笑着说，买两根支持马迭尔冰棍。车前面排队，一根老冰棍，售价十五元。我望着"陶然"的匾，吃着哈尔滨的马迭尔冰棍。

陶然亭为我国四大历史名亭之一，这座小亭颇受文人墨客的青睐，被誉为"周侯藉卉之所，右军修禊之地"，被各地来京的文人视为必游之地。

二〇一五年二月十八日，明天是传统节日春节。写完《郁达夫传》最后一个字，它是献给新年的礼物。写这本书是一次考验，又一次触摸郁达夫的心灵。

郁达夫曾经来过陶然亭，喝过酒后，在陶然亭中沉睡，被听差摇醒，西天射满残阳。他不情愿地起来，一口气喝两碗清茶，从台阶上下来，郁达夫望着陶然亭，在地上投下的一片阴影。穿过东边的道路，来到芦花地边，放眼一望，茫茫一片的白色芦花。在西北抱冰堂，铺展大片阴影，西侧高处涂满夕阳

余晖。郁达夫散步走过，穿越"香冢鹦鹉冢的土堆的东面"，他
离很远地方，认出 G 君画画的背影。郁达夫被黄昏的情景惊呆
了，他激动地说："这样迷人的落日的远景，我却从来没有看见
过。"太阳眼看落下，树枝上挂满金光的釉，水边芦根，结满芦
花的绒穗，一半被染成红色，一半呈白色。他止住脚步，观望
一会儿，甚至忘记自己的存在。

十月三日，我们一家三口在北京，难得一次游玩。高淳海
建议来陶然亭，他知道我想去的地方。没有想到在此和马迭尔
冰棍碰面，黄色的冰棍方方正正，回想寒冬的中央大街，朋友
们去吃冰棍，这就是生活，也是一种情调。

希勒布达小米

　　每年春节前，父亲都会收到乌拉街亲友寄来的土特产，东北粉条，黏米面，一袋小米，都是自古以来被公认的好食品。乌拉街的小米名气大，当年康熙皇帝东巡，来到乌拉街，吃的主食就是小米饭。在过去农业落后时代，看不到农机具，一家全靠牲畜劳作，拉犁、拉车、拉磨、推碾子，谷草是马、骡和驴的饲料。

　　满语称小米为希勒布达，它也叫黄粟、粟米、狗尾草。小米的须根粗大，秆粗壮，含有丰富的蛋白质、脂肪和维生素。它既可作为主食，又可酿酒。小米是中药，具有清热、安神、滋阴、补脾肾和肠胃的功效。

　　清宫御膳房里流传一句话："松阿里的鲟鳇鱼，大乌拉的白小米。"乌拉街的小米，多次出现在文化学者收集流传的故事中。康熙二十一年（1682年），康熙皇帝东巡，驻扎在吉林的宁古塔将军巴海，为皇帝献上一个神罐，罐子上有"唐开元丰谷"的字样，打开一看，里面是金黄的谷种。康熙帝便将谷种一分为二，一半给巴海，将余下的带回京城。他嘱咐巴海，这是老天赐的宝物，要让它在乌拉的土地上扎根，来年他要检验果实。第二年谷种下地，不知什么原因，越是精心照顾，谷种就越是发不出苗。康熙皇帝回京后，在御花园播上谷种，精心地莳弄，开花结果。

秋天巴海进京送贡，有意回避不敢提谷种，可康熙皇帝没有忘记此事。康熙皇帝摘下大谷穗，赏给巴海、盛京的将军和黑龙江地方官员，每个人一穗。巴海带回吉林的谷种，交给打牲乌拉总管衙门，最后在杨屯种植成功，成为进贡的物品。杨屯处于松花江沿岸，有一块油沙地，属于典型的白浆土地，适合谷子生长，是白小米丰产的主要区域。这里长出的小米被称为稷米，译成满语为"希福百勤塞"。白小米是上品米，吃到嘴里发甜。这块地生产的白小米不许百姓食用，一律进贡给朝廷。

乾隆十一年（1746 年）清廷发布禁止谷米买卖公告，私卖小米和稗子米，"不及五十石者杖一百徒三年，米过五十石者发附近充军"。读完姜劼敏收集整理的传说，对小米有了新认识。李渔所说"食也人传者"，是传神的总结，人与食物紧密相连。

王肯是戏剧家，也是研究东北文化的专家，留有不少重要著作，他在《1956 鄂伦春手记》后记中说："把我四十年前的手记印成册，也算了却一宗心愿。"书中收入他在一九五六年七月二十日，在北安客轮上录下民间艺人孟玉才唱的小调《不是找小米》：

我来呀不是呀不是找小米呀，

我来呀不是呀找糜子呀，

我来呀不是呀找高粱米呀，

不找小米，我来呀是那呀，

不找糜子，我来呀是那呀，

不找高粱米，我来呀是那呀，

探探你呀，是否真心，

探探你呀，是否守信，

探探你呀，是否愿意。

小调充满生活的情趣，歌词幽默，通过平常吃的小米，表现亲家之间唱的逗乐歌，男方父亲问亲家，姑娘嫁或不嫁，给一个准信。

二十世纪七十年代，每个人的口粮定量，我们兄妹正长身体，父母想尽办法额外弄些粮食，补贴家中不足。我姥爷来到符岩山区，那里大面积的山地，水源不足，适宜种谷子和苞米。我姥爷失联多年，终于和我母亲联系上，第一次来我家，他扛着一袋子小米。那一段时间，我家做的二米子饭多。所谓的二米子饭，是大米和小米各半，焖出的米饭。

有一年夏季，我去姥爷生活的山区过暑假。有一天异常炎热，山里感受不到一丝风，姥爷家的大黑狗趴在房子阴凉处，张大嘴喘气，伸出长舌头。中午做饭时，姥爷上井沿挑回一担水。煮好的小米饭捞出来，用打出的井水拔凉，做成爽口的小米水饭。柳树在东北的江边沟岔一带多见，长白山区有使柳具的风俗，靠山吃山，沿水的人家，捕鱼人用柳条编制渔具。家庭里也多有柳条用具。姥爷家的柳条笊篱，是用细柳条做的，拿在手中感觉不一样。余下的米汤不能丢掉，拿它炖豆角、土豆和茄子。

在符岩山区的日子，我结识了一个叫柱子的小伙伴，他的皮肤略黑，年纪和我相仿，力气比我大多了。他如同山里的活字典，什么都知道，似乎难不住。柱子经常领我钻谷子地，弄得一身植物清香。

姥爷所住的地方不产大米，大多数吃小米。他家是落地灶，烧大块的桦子。焖干饭这一看似普通的事情，却是看人的经验。每次淘多少米、大铁锅里放多少水、火候掌控，比较重要。焖小米干饭有诀窍，火候适中，会有一层锅巴，吃起来香而酥脆，不管老少都喜欢吃。

小米蒸饭做法简单，把小米煮到七八成熟，用柳条笊篱捞到泥盆里，再次投放清水。把锅杈放入锅内，锅杈是一根粗树棍，上面有两根分开的杈。锅杈在锅中摆牢，装小米饭的盆放锅杈上，扣好锅盖。蒸出的小米干饭，几乎没有水分，在炎热的天，放上两天不变馊。满族人另外有一种吃法，把小米做成不是粥也不是饭的捞饭，宽水煮七八分熟，捞出沥干后，再一次蒸熟。

小米是家常粮食，不那么娇贵，可做出花样翻新的饭食。在我老家坐月子，香甜柔润的小米粥是主食。产妇胃肠功能不好，活动量少，小米容易消化。煮小米粥卧几个鸡蛋，放点红糖，增加营养补身子。记得过去，谁家生孩子下奶，母亲要买鸡蛋、带一袋小米探望。

父亲把老家寄来的小米，分出一些让我带回滨州。每次拿出小米，想到从乌拉街来，感情总是不一样。晚饭煮小米粥，炸一碗鸡蛋酱，洗两根鲜黄瓜，一根大葱，它们搭在一块儿，吃出的滋味有特色。

草包包子

一提起草包包子，便会勾起老济南人的感情，草包包子是本土面点，至今仍在原址老字号，有着近百年历史。草包包子是灌汤包，新出笼的包子，薄皮透出内中肉馅，不变形，口感松软。

草包包子配笋丁、蛋糕丁，用老渍酱油、小磨香油调制，称为三鲜馅。以鲜猪肉为原料，配作料制馅，叫作猪肉灌汤馅。捏出十八道褶，恰似绽放的菊花。包出笼时，如果脱底冒油，挑拣出来不能上盘。

如果需要带走，用鲜荷叶包裹，热气和荷叶的碰撞，使热包子别样的清香。多年来，草包包子在济南成为传统的面食，一直得到人们的赞美。

草包包子创始人张文汉，在泺口继镇园饭庄学艺，拜名厨李安为师。他生性憨厚，终日烧火、择菜和干杂活，很少说话，师兄弟送个草包外号。

一九三七年，卢沟桥事变后，张文汉带着家人从泺口搬进济南城内。对于男人来说，养家糊口是大事，起初的时候，他家穷得精光，没有多余的钱。想开家包子铺投入不大，要求不高，能养活一家人。他刚迁入城内，人生地不熟的，这么一点投资，也是大数目，借都无处借，真是呼天天不应，叫地地不灵，面对眼前的局面毫无办法。

当时有一个中医张书斋，看到张文汉实在人，资助几袋面粉，利用自己的资源帮助他。几天后，在西门太平寺街南段西，开家包子铺，后来挪到普利街冉家巷口。张文汉开业之前，请张书斋给起个字号，既通俗，又便于张口发音。张书斋瞅着憨厚的人说，"草包"很响亮，容易让人记住不忘，从此，便成为包子铺的字号。文化学者王学泰指出：

中国是个重视名字的国家，不仅在重大的礼乐刑政方面如此，在衣食住行等细小问题上也不例外。先秦两汉，主要根据食物的原料和加工方法命名，南北朝以后，肴馔命名上出现了许多花样，很普通的食物常被赋予极典雅、美丽的名字，使人闻名而思朵颐。

张文汉做人实在，包子如其人一样的风格，包子肉放得多，出笼的猪肉灌汤包，就老醋和大蒜，有不一般的香味，让南来北往的食客回味无穷。草包包子外形美观，汤汁丰富，吃起来口感好，草包包子在济南叫响。其实张文汉并不是外号形容的样子，外号在他的身上变成赞美，实在是做人的品格。做包子继承师傅的真传，潜心研究创出自己的风味。

日伪时期的大观园，有一伙恶霸强收管理费，对草包包子铺亦不放过，找出各种理由故意为难，给对方难堪，借故敲诈。伪警察、宪兵和特务趁机来搜刮，蹭吃蹭喝，从不掏一文钱。几个月下来，不但不赢利，成本都收不回来。张文汉停业，搬至普利街冉家巷口泰康食物店东邻的两间铺面房，草包包子铺重新开业。

一九四八年九月，济南战役打响，国民党出动飞机对城里狂轰滥炸，隔壁一家食品店，被炸弹击中，山墙倒后砸向包子铺，张文汉当场被压墙下，意外身亡。怀孕六个月的妻子幸免于难，草包包子铺遭遇大灾难，处在艰难困苦时期。尽管后来张文汉的妻子和他生前好友何俊岭重新开张，但生意不如从前，勉强维持。后因合作意见不同，产生分歧，经营不力，何俊岭将草包包子铺，交给亲家大华饭庄厨师绳华泰代为经营。

二〇一七年，我和文友去看以"家家泉水，户户垂杨"闻名的曲水亭街。穿过芙蓉街，现在是一条济南特色的小吃街。街位于珍珠泉群之中，邻近历代两大府衙和贡院、府文庙及古城主干道，是文人墨客饮酒赋诗之地，清代诗人董芸曾寓居"芙蓉馆"。

由于时间不早，看到有一家卖草包包子的店，便走过去，吃一顿老面食。文友济南人，他知道此家草包包子并不正宗。我们相视一笑，不管滋味如何，这是在品文化，不只是填饱肚子。

有传说的酒

　　一直想去法库，来沈阳多次，向朋友询问这个地方，源于对地名感兴趣。读过一篇文章的三种解释。其一说满语"鱼梁"，根据地的形状起名。二说"八户"，这里最早有八户人家，也可能有八姓人家居住，所以叫八户。三说依山得名，境内有法库山，俗称八虎山。

　　为这个地方的名字，我打电话问沈阳朋友，他对历史掌故了解较多。简单介绍一下，说来沈阳时陪你去法库，那里产的酒比较好，"雄蚕蛾酒""鸽血红"是乾隆私房酒。

　　十月中旬去沈阳，不冷不热，当是最好的季节。几位朋友开车陪同，规划好所要参观的路线。我在家中做了准备，对这一带的人文史地，有了了解。通过地理环境探讨各种人文观，以及发生的历史。

法库是边门之一，这是八旗驻防的军事据点，通往南北交通必经关口。由此重要位置，发展成边门城镇。法库县南部依牛堡子北，现有一地，名为"旧门"，可能最初是法库边门所在地，至顺治年间，辽河流域的柳条边开始修筑。康熙年间，"归附益众"，人口一天天多起来，边内旗田不够分配，曾经向外扩边。法库境内最初的柳边，在三面船镇西起三台子、二台子到依牛堡旧门。康熙年间，向北展边一百二十里，侵占蒙旗的大片土地。蒙古王爷联合起来反对，朝廷又将柳边退四十里。法库民间有种说法，"三展皇边，倒退四十"。大孤家子距离沈阳五十多公里，该镇最出名的是传统的满族白酒。从清朝康熙年间开始，这里已经酒香弥漫。

从沈阳开车出来，一路走来，在车上和朋友闲唠中，不知不觉中来到大孤家子镇。这里祖家酒坊出产的酒，就是朋友电话中说的"雄蚕蛾酒""鸽血红"。

从外观看，酒厂规模相当大，舍泥墙，青砖黛瓦，委婉悠

长的音乐中，满韵清风，酒香气味冲鼻，清泉甘洌。进去参观
有点意思，如果不买酒，就买门票，买了酒免门票，售票处，
其实是他的销售点。大酒缸上面贴着菱形的红字，写一个大黑
体的"酒"字。这十几个大酒缸，气势逼人，呈现皇家酒的风
度。屋子里弥漫酒香气，一个小伙子接待我们，大家觉得买酒
参观，不买酒也要参观。我看中大酒缸的酒，小伙子说是"雄
蚕蛾酒"，适合男人喝的酒。几个人围着大酒缸，闻着酒味有些
微醉的感觉。小伙子掀开盖，拿起酒提，一下下打满几个瓶子，
拧严实后，贴上"雄蚕蛾酒"商标。

有了酒的门票，我们在酒厂里随意观看。走出不远，竖
立一百吨重的传统手工糊制的大酒海，创造吉尼斯世界纪录。
围着转了一圈，我站在前面，照了张相留作纪念。索轮杆，
语意为神杆，音译为索摩杆子，耸立在院落中央，为满族祭
天所用。它是满族的象征，努尔哈赤为了纪念乌鸦救主而立。
有一块"九龙壁"，寓意着龙生九子各显其灵，其规模比北
京北海的小。走在明清一条街，看到一个古井，名为"八旗
井"，支架上，古老的辘轳在讲述历史。井深六丈，井水深三

丈，与地下暗泉相通，一年四季，温度保持八摄氏度左右，自古以来，取此水酿出的酒，气息芳香。"美酒之地必有甘泉，泉甘而酒美。"酿酒所用的这口井县志记载已逾千年，据地矿专家鉴定，它是含众多种矿物质的水源。关于"八旗井"有一个传说。

努尔哈赤曾屯兵在这个地方，正遇上大旱年。兵将肚子饿，口干无水喝，形势所迫，努尔哈赤心中着急，无意中，手中大枪往地上一戳，用力过猛，大枪插入土中，只剩一小截木柄。士兵把大枪往外拔起，意料不到的事情发生，一股泉水喷射而出。泉水成为救命水，清冽甘甜，而且水量不断，即便供给大队人马也不干涸。从此称为"八旗井"，并且留下一副对联："只闻风流应属我，不晓英雄歌圣贤。"

有关地方性传说，具有历史性价值。对历史上发生的事件，不仅文字作记录，利用口耳相传的方式，也能表达传说的由来。法库县志记载，辽景宗保宁年间，这里的各民族百姓已经酿酒。

半拉山村以前是辽代立州城的所在地，这片土地，含有适合植物生长的养分和水分，出产的粮食和瓜果，是酿酒的最好原料。辽国在对北宋的战争中，俘获大批汉民入关，中原的酿酒工艺于是地生根，酿造的酒被钦定为皇家贡酒。

我们行走中，不时感叹酒厂规模，对历史文化的保存，是别的酒厂少有的。我去过几个大酒厂，只有现代化的生产线，厂区挂的大幅宣传语。尽管都在宣传企业文化，和这个酒厂无法相比。

由契丹族建立的辽代，酿酒作坊称为"溪井院烧锅"，生产的酒供辽皇室专用。现在祖家酒坊院内的石槽，是当年各地买酒的生意人打尖喂马的用具。清康熙年间，"溪井院烧锅"换名为"祖家坊酒厂"，古老酿酒工艺，被分封给皇室爱新觉罗家族后人。

中午在法库吃饭，大家说来此地必喝"雄蚕蛾酒"，这也是原酒化原地。我们一致赞同，除司机不能喝，拿出祖家坊酒厂的"雄蚕蛾酒"，每人一杯。酒不能一口喝干，含在口中回味，一种绵甜，美妙得难以用言语表达。

我回山东时，飞机上只许带两瓶"雄蚕蛾酒"。一瓶送给好喝酒的小妹夫，另一瓶留下，独自慢慢喝。摆在餐桌，一次喝小半杯，当酒倒入杯中，闻着香气，想着历史上的事情。

香酥油旋

初秋一天，我去看曲水亭街八号的路大荒故居。在这个地方，蒲学专家路大荒，耗尽毕生精力整理《聊斋全集》《蒲柳泉先生年谱》。

一九五一年，路大荒的大女婿买下四合院，从秋柳园街搬来与女儿同住，好友画家黄宾虹，题名"曲水书巢"。直至一九七二年去世，他没有离开过，一直居住在这里。他在绿柳环绕、曲水亭畔的院落里，度过后半生。我们一路走来，寻找路大荒的故居，在路边碰上卖油旋的流动摊位。停下脚步，观看中年摊主制作油旋的过程。

剂子擀成长条片，涂一层花生油，抹盐拌的猪油葱泥。卷面片的一端，拉住另一边，向外抻的同时卷起，呈螺旋状。捏去面头，放在鏊子上，用手指压成圆薄饼。烙至微黄，放入炉内烘烤。摁一下油旋中间，压出个凹来，形成旋形的油旋。

油旋，又叫油旋回，济南传统名吃。外皮酥脆，内瓤柔嫩，圈圈斜着上升，形似螺旋，表面呈金黄色。

相传，油旋是清朝时齐河县的徐氏三兄弟，去南方闯荡，从南京学会的做法。油旋在南方是甜食，徐氏兄弟回济南改良做法，为适应北方人的饮食特点，改成咸香味。清代顾仲编著的《养小录》中记载油旋："白面一斤，白糖二两（水化开）入香油四两，和面作剂，擀开。再入油成剂，再擀，如此七次，火上烙之，甚美。"早些时候，老济南人吃油旋，喝米粉或高汤馄饨。据说道光年间，凤集楼是较早经营油旋的店家，光绪二十年开业的文升园饭庄，以经营油旋闻名泉城。

买油旋不用吆喝，手中的擀面杖敲击案板，发出有节奏的声音。吃油旋的人听到打点声，知道油旋马上做好，趁热买几个。二十世纪五十年代以来，济南打油旋的人越来越少。以至后来，只剩下聚丰德两三家店铺。

一九五六年后，聚丰德饭店制作的油旋，深受老百姓喜爱，生意很好，每天打多少卖多少。六十年代生活困难时期，掺地瓜面的油旋，没有受原料变化的影响，每天销售的数量未减少，还是供不应求。油旋是聚丰德饭店的招牌面点。

国学大师季羡林不是济南人，他老家在山东临清。从六岁离开老家，来到济南投奔叔父读私塾，上小学和中学，后来去北京上大学。

季羡林喜欢吃济南的油旋，蔡德贵教授去北京，每次从济南定做油旋，早上做好，中午赶到北京，让季羡林当天吃上家乡的口味。他对于小吃满意，给张姓店家题字："软酥香，油旋张。"

我父母来济南几十年，有一次和文友周兴国聊天，说来济南多年，油旋什么样未见过。几天后，周兴国从芙蓉街买了几个油旋送来，不断地说油旋趁热吃，味道更好。

二〇一七年十月，我母亲住进省医院，在她不多的日子里，我们希望她尽可能地享受生活。有一天，小妹夫开车来看她，中午时，去聚丰德请母亲吃油旋。母亲兴致很高，边吃边不时地说这是济南名吃。

二〇一八年四月，我逛济南老街。辘轳把子街是一条古老的小巷子，一共二十多米长，宽窄两米。东起于曲水亭街，西止于东花墙子街，北面邻泮壁街，南部涌泉胡同。我们不停地拍照。从巷子口往前走一段，看到老式的建筑，马上向右拐，没走出几步远，又向左拐。人们根据弯曲的形状，恰似井口汲水的辘轳把子，所以得有此名。辘轳把子街口，有一家"欧阳油旋"，黑底金字，窗口摆着几种油旋，两块五一个。清寒的春风中，我们买几个，吃油旋感受传统小吃。

母亲的馄饨

　　两个多月没有回家，父母年龄大了，身体又都不太好，作为儿女应多回家看看他们。五月一日，我要去龙口的万松浦书院，开一个文学会。

　　回到济南的家，心里踏实，睡觉很少做梦，在家的感觉就是好。那天从北京来两位中央戏剧学院戏文系的学生，父亲去车站接她们。在他身上总是有青春的激情，这么大的年纪，喜欢和青年人在一起。母亲是典型的贤妻良母，她是一架老旧的悠车，坐在上面有安全感。

　　在济南两天，在家里的时间少。朋友们相聚，使我有些释然，工作压力、写作压力、家庭压力，对于中年男人，如驮一座山行走。有朋友真好。那天和小杰在花卉市场转悠，给朋友送一份小礼。他搬新家我们第一次去。我们选中一盆大铁皮树，这株花结实常绿。

晚上从"陋室铭"茶社回家，已是零点多了，我敲门的时候，母亲应答着开门。每次回家这么晚，他们都在等，不做父母，不知父母心。随着年龄一天天长大，儿子在外上学，我了解做父母的心。晚上在茶社见到兆胜，我们一直通电话，他编的选本中，对我的作品十分关注。兆胜的身上体现中国知识分子的性情，没有浮躁之气。一杯清茶，一份情感，那一夜我几乎没有睡觉，在床上翻来覆去，想很多的事情。睡得迷迷糊糊时，天已大亮，母亲脚步声响起。

窗外的鸟儿来了，这群鸟儿是我家的客人，每天都来这儿吃食，经常去超市给它们买口粮。不一会儿，母亲端来热乎乎的馄饨，馄饨驱散疲惫，使我精神饱满，踏上去龙口的旅途。母亲昨天晚上，包好馄饨放在冰箱里。母亲坐在一边，看着我吃馄饨，一个人不管多大，有母亲是幸福的。

西汉扬雄所作《方言》，文中提到"饼谓之饦"，馄饨是饼的一种，不同的是夹内馅，经蒸煮后食用。要是以汤水煮熟，则称"汤饼"。古时人认为，这是密封的包子，故称为"浑沌"。北方相对吃馄饨的少，更多吃的是水饺。馄饨在南方盛行，衍生出各种风格。至唐朝起，馄饨与水饺正式区分称呼。

冬至时，我在北京吃了一顿馄饨。过去老北京有"冬至馄饨夏至面"的说法。

我在北碚生活几年，当地人俗称抄手，川人嗜辣，有道名菜叫作"红油抄手"。抄手和馄饨做法差不多，只是包法略有不同。抄手形似两手交叉抱臂的动作。我在重庆开始弄不明白，抄手是何种食物。后来知道，这就是馄饨，叫法不一样。在北碚吃过很多家抄手，调馅讲究，口感滋润滑软，特别是麻辣。当地人一般要中麻，我敢要超麻的抄手，吃后整个嘴麻木，不知怎么说话。

我在北碚和一个小女孩学会包馄饨，费半天力，包了十几个后，才学会包金元宝状的馄饨。母亲那时还在世，我把包好的馄饨拍照片发给她看。现在经常包，每次回想出发前，母亲包的馄饨，不会再有机会吃到了。

褡裢火烧

老北京褡裢火烧是传统名点，一八七六年，由顺义人氏姚春宣夫妻创制。面片入馅，两面折不封口，放入锅中油煎至金黄。其长条形对折，类似过去肩上的褡裢，命名褡裢火烧。

褡裢是过去我国民间使用的布口袋，用结实的家织布制成。长方形状，中间开口。里面大多放着纸、笔、墨盒，通常用的文案之类的物件，商人或账房先生外出搭肩上，如同现在的背包。

二〇一九年十一月十日，按着百度地图导航，乘坐地铁十号线，去海淀区科学院南路融科资讯中心 B 座 B2，访朋友推荐的书店"钟书阁"。每到一个地方，我总要找书店逛，多年养成的习惯，无法改变。在一座陌生的城市，如果没有准确的导

老味道：亲吻味蕾里的乡愁

航，范围大，没有线索，事情很难办成。尽管有导航引领，来到"钟书阁"附近，面对耸立的建筑群，不知该走进哪一个门。最后决定凭运气，问大门前的保安，他乐呵呵地说，就是这家地下一层。北京十一月，已经初冬，天气突然变化，风特别大。走进楼里，寒冷的身体遇上暖气，焦虑的心松弛下来。

在滚梯上，就看到"钟书阁"的门匾。门前巨大的音乐喷泉，不少行人围着照相。我对于人工制造的东西不感兴趣，急于进书店，找寻自己喜爱的书。网上介绍，这是"中国最美书店"，富丽堂皇的灯光，个性楼梯，一本本书，做成穹顶形的吊顶，交织的楼梯，复杂的台阶步道，设计者发挥得酣畅。形式具有趋新的特点，新奇唤起人们的兴趣，才能在新的视角下，给平常的事物赋予不平常的气氛。走在书店中，有一种特殊感觉。我在一架架书中，找寻自己喜爱的书，结果失望，我所需的书甚少，只好空手而归。

走出书店，已经中午十二点，吃午饭的时间。在往地铁站走的路上，来到中兴村南三街，有一家百年卤煮饭馆。到了北京，还是要吃老风味。推门进去，里面装修普通，传统的木桌木凳给人亲切感，符合品老味道。我要了京味丸子、褡裢火烧，按照老规矩，吃褡裢火烧必须配汤，应该喝鸡血和豆腐条煮成的酸辣汤。出锅前甩个鸡蛋，撒点香菜末。吃时讲究鲜香酸辣，摆一碟醋，就着蒜瓣。咬一口火烧，喝一口酸辣汤，别说有多美。这里没有酸辣汤，要了丸子汤，算作尽显美味。

李春方、樊国忠在《闾巷话蔬食——老北京民俗饮食大观》中写到褡裢火烧："写过武侠京剧本子的林醉桃老先生最好吃此物，他曾用墨笔行书给我们家做过饭的黄四奶奶写过一条幅云：'黄家大娘一厨刀，飞舞来去五味调，公孙大娘若在世，扔去长剑下厨庖！'虽不讲什么诗韵格律，却很别致。"前门大栅栏，有一条不长的胡同，叫门框胡同。这里有个小餐馆，叫瑞宾楼，经营着北京小吃名食，褡裢火烧。

清代光绪年间，在老东安市场有做火烧的小食摊，摊主是顺义来的姚氏夫妇。他们做的火烧与众不同。把面和好了，擀成薄皮儿，里面装上拌好的馅，折成长条形，放在饼铛里用油煎。火烧煎得了，颜色金黄，焦香四溢，味道鲜美可口。一来二去，小摊的生意越做越火。姚氏夫妇开起名叫润明楼的小店，专门经营褡裢火烧。

后来，由于姚家晚辈经营不善，小店倒闭了，当年润明楼里的两个伙计罗虎祥、郝家瑞传承下来，在门框胡同里开起饭馆，继续经营褡裢火烧。店名从俩人名中各借一个字，叫祥瑞饭馆，名震京城，成为家喻户晓的名吃。

提起褡裢火烧，老北京人没有不知道的。褡裢火烧这么有魅力，到底有独一无二的地方，和面是关键，和得软硬适中，醒好后，揪成小剂子，擀成长方形薄皮儿。五花猪肉剁碎放进葱姜，高汤打馅。馅放在皮儿上卷包好，两头封住，上锅时拉成扁长形，煎到两面金黄出锅。

我每到一处，喜欢找小馆子，品味当地特色。在沈阳吃过回头，这是沈阳的特色小吃，褡裢火烧和沈阳回头做法和形状相似。不同在馅料上，沈阳的回头用牛肉馅，褡裢火烧主要是猪肉馅。

回头是沈阳八大风味小吃之一，说的是清朝光绪年间，一家金姓人为了生活，在沈阳北门里开了一间烧饼铺。从开业那天起，生意做得不好。无客人时闲着无事，店主将牛肉剁成馅，

随手将烧饼面擀成薄皮，一折一叠包拢起来。这种无意识的包叠，带来想象不到的事情。门被推开，从外面进来一位客人，见店主在锅中所烙食品造型，感觉新奇。要了几块品尝，口味独特。这位客人向店主说道，烙一盒送往馆驿。吃过这种小吃的人赞不绝口，从此以后，小吃广为传播，各阶层的人都来购买，因此取名"回头"。

　　在两座城市吃形状相似、内容不同的面食，个性和味道各显风头。坐了近一个小时的地铁，来到这里访书，又吃一顿老北京的特色小吃，也是心满意足。留下结账单，算是对这次访书做个纪念。

俗称一窝丝

清油盘丝饼，俗称一窝丝，相传源自老北京。济南的传统风味小吃，散文家梁实秋，对此饼有颇深的印象，记述吃后的回味："清油饼实际上不是饼。是细面条盘起来成为一堆，轻轻压按始成饼形，然后下锅连煎带烙，成为焦黄的一坨。外面的脆硬，里面的还是软的。山东馆子最善此道。"

二十世纪三十年代，济南经三纬四的路口，有家"又一新"饭馆，以经营清油盘丝饼闻名。饭馆炒菜偏重北京口味，京剧艺术大师梅兰芳和尚小云、奚啸伯，过去在济南北洋大戏院唱完戏，经常光顾。卸下妆，过平常人的生活，品尝盘丝饼，与人们交流演出的情景、一些圈子里的趣事。清油盘丝饼呼之"清油"，指对荤油而言，它是用花生油煎烙。"盘丝"饼的特色，制作时面抻至极细，盘成圆饼形入油中，半煎半烙。

清油盘丝饼做法精致，拉出数百根细的须面，一圈圈盘成饼状，入鏊子中烙制。吃的时候，撒上白糖，讲究的会撂上几根青红丝，挤一下饼，金丝散开入口，外焦里嫩。

第一次吃清油盘丝饼，是在二十多年前，大明湖边的小饭馆。当年和刚结识的文友游大明湖，他是个文史通，土生土长的济南人，年纪不大，却号称老济南。他讲述大明湖历史悠久，湖名已有一千四百多年。北魏年间，地理学家郦道元在《水经注·济水注》中记载："泺水北流为大明湖，西即大明寺，寺东、北两面则湖。"他点了历下风味的代表菜，水晶藕和蒲菜水饺。见菜回忆历史，他说元朝诗人元好问与李辅之，两次畅游大明湖，朗诵元好问的词：

荷叶荷花何处好，大明湖上新秋。红妆翠盖木兰舟。江山如画里，人物更风流。千里故人千里月，三年孤负欢游。一尊白酒寄离愁。殷勤桥下水，几日到东州！

诗人感情纯真，写出深厚的友情。从那次吃过清油盘丝饼，留下记忆的味道。我父母家门前有一条胡同，不过十米宽窄，两边是买卖小吃的摊点。地方不大，融汇各地的风味小吃，从头走到尾，有几十种。走出小区不远处，有一家清油盘丝饼。摊主是个中年妇女，每次路过，她不管认识不认识，都热情地大哥大姐地叫，让人有点不好意思，想买两个饼带走。

母亲知道我喜欢吃清油盘丝饼，每次回家都买几个回来。有一次，我去新疆开笔会，济南直达乌鲁木齐的火车只有一趟，需要在车上坐三十多个小时，路上准备食物。我在家中忙着出门的东西，只听门一声响，向窗外望去，看见母亲向小区外走去。半个多小时后，母亲拎着塑料袋回来，买了十几个清油盘丝饼，让我在路上吃。一个人不管多大，有母亲是幸福的。

冬瓜烫面包

　　小区马路对面，冬瓜烫面包铺门头上的匾，简朴大方，黄底大红字，没有什么设计，很远的地方能看清。

　　成熟的冬瓜，表面有茸毛和白色的细粉，外皮深绿或浅绿，属于葫芦科。各地都有吃冬瓜的习惯，只是吃法不同。冬瓜可做许多的菜，冬瓜烧肉、虾米冬瓜、冬瓜莲子汤、肉末冬瓜、红烧冬瓜、蚝油焖冬瓜、冬瓜排骨汤、冬瓜鲫鱼汤。山东有冬瓜烫面包，是家家户户经常做的食物。

　　湖北名菜冬瓜鳖裙羹，蕴含着近一千年的历史。据《江陵县志》记载："宋仁宗召见张景曰：卿在江陵有何景？对曰：两岸绿杨遮虎渡，一湾芳草护龙洲。又问所食何物？曰：新粟米炊鱼子饭，嫩冬瓜煮鳖裙羹。"食材是雄甲鱼的裙边和鱼肉，配上香菇和嫩冬瓜。去掉甲鱼的腿骨和胸骨，取其最好的部位，把它与嫩冬瓜和香菇做成羹。此菜具有益气补肾之功效，名扬四方。中医经典著作《神农本草经》，张揖撰的《广雅·释草》有冬瓜的记载，《齐民要术》中记录冬瓜的栽培，还有酱渍方法。

一九八三年，春节过后不久，我家从东北搬迁来到滨州。在黄河边上，陌生的小城市，举目无亲，饮食有些不习惯。上菜市场看到了冬瓜，因为在老家没有见过，不知道怎么吃，我母亲买回一个冬瓜，准备炖排骨。楼下的邻居老太太，我们叫王大娘，热心肠的人，明白初来乍到的人家有很大难处。她放下手中的活计，教我母亲做冬瓜烫面包。我看着制作过程，开水烫一半面，掺上另外的部分。面和好以后，让它醒一段时间。

东北老家调馅，肉和菜剁碎搅拌在一起，拌上各种调料。山东的做法截然相反，冬瓜削皮，挖去瓤，切成小骰子块，肉不能切得太碎，一盆肉，一盆冬瓜馅，不能相混杂。冬瓜馅出水后，沥掉水分，不能太干，拌上作料。

剂子比水饺大两倍，擀开后，皮放入掌中，一勺冬瓜馅，一勺肉馅，包成饺子状。包好的冬瓜包，不马上入屉，需要等几分钟。冬瓜烫面包在屉上摆好，扣严锅盖，大火烧开，十五分钟后，冬瓜烫面包蒸熟。

一口冬瓜包，咬一半蒜瓣，蒜和冬瓜包在嘴里相遇，咀嚼中发生变化。东北吃包子讲究蘸料，陈醋、蒜泥、韭菜花、辣椒油，一样不少。冬瓜烫面包，水分充足，没有吃过的人，不注意咬下去，会被汤汁烫着。正确的吃法，和吃灌汤包相似，咬开口子吸汤。

我来滨州不久，被分配到印刷厂工作，第一次工友请吃饭，去他家吃冬瓜烫面包。他住工厂的宿舍，是一幢二层的筒子楼，一家家排列，做饭在楼道中。那天上了一盘盘冬瓜烫面包，桌子上有蒜瓣，还有一瓶"董公"酒。我们东扯西拉，喝得十分尽兴。

我的体重超标，朋友常说多吃冬瓜减肥。闲时读杂书，了解有关冬瓜的知识。徐峰在《中国饮食文化的心理分析》中指出："饮食与人类的生存和健康关系密切，是健康生存的根基。在中国文化中，饮食除了有维系生命的功能外，还具有养生保

健、防治疾病之功效，即寓'医'于'食'，归属于'食疗'的
范畴。"

二〇一四年五月，我客居北碚，每天做饭和读书。高淳海早晨出门上学校，我去菜市场买菜，问他中午吃什么。有一天，他临出门时，说想吃冬瓜烫面包，对我而言是个难题。虽然山东家中经常做，对于整个流程熟悉，但自己没有亲手操作过。

卢作孚路的路边，有个露天菜市场，两边布满小摊，以及从乡下来卖菜的农人。大多卖菜人是用竹筐，或者竹背筐。我在人群里，耳边钻满重庆话，摊上摆的一些菜，分不清怎么吃，北方见不到这样的菜。看到一位老妇人，矮小的个头，一脸的皱纹，眼前的竹背筐，地上摆着几个冬瓜。我心情复杂地来到她的摊前，买下个头中等的冬瓜。

回到住处，冬瓜削皮，切开挖瓤。我按照记忆操作，花费两个多小时，做出冬瓜烫面包。那天中午，高淳海吃得开心，像回到山东家中一样。从此以后，学会做冬瓜烫面包。

二〇一七年八月，高淳海暑假回到山东家中，提出要吃冬瓜烫面包。这次我没有动手，由他母亲亲手做，我变为吃客了。

千丝芝麻酥糖

　　北方的深秋，街头飘满落叶。我在报社的座位临窗，稍一侧脸，看到窗外的情景，不时有一两枚叶子，从树上凋落。连续的阴天，天空见不到太阳，人的情绪低沉。

　　有一天，办公室的门敲响，进来作者张卫卫，她在纺织厂做仓库保管员，利用业余时间写散文，经常来送稿。一阵寒暄之后，她拿出新作《我的外祖父》。文章写回忆外祖父的故事，当时没有电脑，她的每个字抄写工整。留下稿子未马上审读。闷足劲的雨，终于下起来，深秋的雨阴冷，风急雨骤，带着冬天的信息降临鲁北大地。

　　天气不好，办公室要等几天实施冬季供暖，上午坐在办公桌前读稿。张卫卫的稿子抄得干净，读起来不费力气。

　　张卫卫的文字，渗出深情的怀念，和窗外的天气吻合，读起来使人沉闷。许多年前，她的外祖父，还是年轻小伙子，一个偶然机会，进了食品厂学做糕点。那时人受传统文化的影响，对自己一身手艺，即使是家人，也不随便传授，外人更没有机会学到手。她外祖父是学徒工，只能干杂活，打水、扫地和做饭，师兄的衣服都要洗。那块案板充满神秘，每天多看两眼过瘾。她外祖父勤奋，话语不多，做事利落不讨人烦。可这样学徒不行，大半年下来，只学了简单的糕点制作，别的什么不会。外祖父每天照常做杂活，用眼睛学习，心里很着急。他最想学的手艺，厂子的经典——芝麻酥糖。这门手艺是镇厂之宝，一般人沾不上边，工序复杂，重要的是对熬糖火候的把握。

　　张卫卫写外祖父，晚上睡不着觉，琢磨"偷看"的每一处细节，想着芝麻酥糖。外祖父对她讲过，有一次，深夜车间里亮着灯，他在窗外往里看，几个老师父忙碌着。他兴奋起来，知道在做芝麻酥糖。他心跳加速，脑袋要削尖钻进去。他把着窗沿，眼睛不敢眨一下，怕错过每个细节，大气不敢喘，免得被人发现。记着师父的手势，夜里在窗外，站了好几个小时。

　　张卫卫写道："多少年过去了，他说到这里，平时严肃的外祖父露出'狡猾的笑容'。我们那一伙学徒，三年后学徒期满，还不会做芝麻酥糖呢。"她用"狡猾的笑容"，写出外祖父的内心世界。

　　一场秋雨后，天气降温，夏天酷热退去，有了秋的味道。窗前白蜡树，曾经茂密的枝叶稀疏，现出泛黄的叶子，脱落地上。十年前，我初来这个单位，白蜡树还是一株小树，躲在楼前的角落里，受委屈的孩子似的，引不起关注，无人来安抚。多少年后，白蜡树粗壮，长出的枝干坚实有力，枝叶长过二层楼高。我问几个同事，谁都不知道树的名字。前一段时间，闲聊天时随意问，一个农村长大的编辑，他笑着说："这是白蜡树呀！"我觉得不好意思，相处这么久才知树的名字。

　　白蜡树是普通的树，根紧抓住泥土，不会同流合污，违背自己品格。它的生命由土地塑造，充满激情和抗争。工作累了，我注视白蜡树，沉浸感动之中。它的性格和张卫卫外祖父一样执拗。

　　半个月后，张卫卫来办公室，她从纺织厂下夜班，接着来编辑部，我们谈起她的这篇文章。

她说外祖父经常谈起学徒的生活，他如何学艺，自己学会做芝麻酥糖。大铁锅炒芝麻，木棒捣瓮脱皮，碾把芝麻压成面，按计量配方，小铁锅熬糖。糖由金黄变至雪白，糖面变得细腻，纹路清晰可见。糖放进盛满芝麻的锅内，开始做糖拔丝。绾上一圈，糖丝成倍地缠绕，十六圈过后，开始冷却拔丝，呈现两千六百根糖丝。

张卫卫回忆在外祖父家，打记事起，就知道他会做蛋糕、月饼、糖果、百子糕、桂花糕和长寿糕。每次外祖父干活时，她拿小椅子坐在一边，看他忙碌着。外祖父家门前有大石磨，炒好的芝麻倒石磨上碾碎，细筛过一遍。芝麻用上好的东北芝麻，不能有脏东西，否则吃起来牙碜。炒芝麻的火候很重要，炒老了，炒嫩了，皆会影响酥糖的品质。

张卫卫描写的细节，真实不夸张，记录当时的情景。外祖父站在锅前，盯着锅中滚沸的白糖，他用筷子挑一点，放在嘴里品。糖熬得差不多，倒在石板上，糖离开高温的锅，迅速冷却凝固。外祖父将抻好的糖揉好，放进芝麻面里，弄成小剂子做芝麻酥糖。空气凝紧，似乎随时破裂，任何人不能打扰他。一块块糖，拉成头发丝那么细，糖和芝麻的香味飘散。对于外祖父的倔强，她不无感慨地说："他毅然抛弃手艺传男不传女的封建传统，将一切手艺传给六个儿女。甚至外面的人曾经想花大价钱买下他的手艺，他听后暴跳如雷，将那些人一起轰出去。从此他向孩子们要求，以后谁要将手艺卖掉，那就是卖掉老祖宗。这些话在现在人听了也许有些不可理喻，甚至可笑。可是谁又明白老人的心？那些手艺是命根子，是曾经最辉煌的舞台，这是他一生中最后的阵地。"根据《滨州风物志》记载，郭集乡常家村，有一常姓的家族在制作蜜食的基础上，创出酥糖。长期摸索中，为了增加酥糖的香甜度，又使用芝麻，所以称谓芝麻酥糖。

　　一八五三年三月，太平军攻陷南京，常立亭逃荒避难，来到天津杨柳青，为了生存下去，他跟随芝麻酥糖的创始人学做酥糖，师徒们相依为命，靠着手艺生存。一八六〇年，太平军战败前的日子，徒弟三人告别师傅，一个去北京，一人留守天津，常立亭回老家滨州。不久以后，他准备工具办小作坊，做起芝麻酥糖，赢得百姓的喜爱。

二〇一八年正月十六，我在西南大学的杏园写芝麻酥糖。每次一过小年，张卫卫都送一小箱自家做的芝麻酥糖，没有什么包装，装在塑料袋中，这可是货真价实的东西。我打电话询问多年前写的稿子，她爽快地答应帮助找。当天晚上，我在微信上收到了发来的文字，看着每一个字，想起多年前的事情，有许多感慨。

邢家锅子饼

渤海九路口往左一拐，有几个小饭馆，其中有家滨州锅子饼店。每次经过向里观望，看到几张桌子，吃客不少。店主夫妻俩，男的主厨，女的招待客人和收款。

我中午不做饭，买几卷锅子饼，味道不错。女主人善于做生意，客人迈进门槛，她大哥长大姐短地叫，让人有温暖的感觉。我买豆腐馅的锅子饼，回到家中，倒一杯清水，凑合一顿。锅子饼不是富贵饭，时间长不吃，倒有点想头。

正宗的锅子饼，应该是邢家锅子饼，酥而不硬，香不油腻，具有特色的地方小吃。每次文友来时，我都找一家锅子饼店，在吃的过程中享受非物质文化遗产。美国人类学家尤金·N. 安德森说道：

中国人使用食物来判别族群、文化变迁、历法与家庭事务，以及社会交往。没有一样商业交易不在宴会中完成。没有一次家庭拜访不在佳肴中进行。没有一次宗教大事不在合乎礼仪的特定食物供奉中举办。关于何种食物恰好合乎何种境况，或关于人们如何应对经济或文化环境的变化来操办和改变习俗礼节，这些资料几乎无法从中国不同地区一一得到。

有一次，陪外地文友参观杜受田故居。杜受田，滨城区人，他是咸丰皇帝的老师，道光皇帝信任杜受田，把教育四皇子咸丰的重任交给他。道光三十年（1850 年）正月，道光皇帝感觉身体不适，召集大臣打开宝匣，宣布圣旨，立皇四子为新君。杜受田精心培养的学生，成为新一代的皇帝。

杜受田父亲杜堮，也不是一般人物，为清嘉庆时期翰林院编修礼部左侍郎。其家世声名显赫，"书香官宦门第，进士多人之家"。杜家一门七进士、父子五翰林，并有加授太师太保的高官。杜受田故居位于滨北镇南街，门前有木牌坊一座，悬挂太师第、相国第横匾，门厅内悬有方伯第、亚元、传胪等匾阁。

建筑为四合大院，内有多个小院，房屋三百余间。

鲁北地区乡土艺术博物馆创建人张洪庆，老家在滨北篦子张村，离杜受田故居不远。知道我们来故居参观，请吃邢家锅子饼，了解滨州的历史文化。老店门挂着百年老店的招牌。我们选择临窗位置，他向文友介绍邢家锅子饼来历。

邢振海共有兄弟四人，在家排行第四。他是锅子饼创始人，锅子饼是后来的叫法，原称合页饼。

老北镇原来是个旱码头，商客来往的交通要道，又是贸易集镇，有很多小商贩卖火烧、包子和小吃。邢振海对情况了如指掌，在经营中不断改进，单张饼抹香油，夹填馅料，把另一张饼放上面。面饼软而薄，他起了合页饼的名字。此饼适合于大众口味，携带方便，不耽误来往的时间。独创的锅子饼，使吃客赞不绝口，当时有一句顺口溜："邢家饼子开了张，烧饼馃子不吃香。"由于锅子饼在百姓中影响大，就有了"邢家不摆案，西关会不起"的说法。每年九月二十四西关起会，邢家是头面人物，花钱雇戏班子，没有邢家戏班子就开不成。赶会不仅图热闹，还要吃锅子饼，这才算圆满。

谈滨州的历史，讲起锅子饼，张洪庆变得兴奋。锅子饼做法不复杂，面粉和水揉成稀的面团。做成两个大小相近的饼。摞在一起放鏊子上，烙成两面黄色麻花状，中间凸起，放入草囤子中。

张洪庆讲起锅子饼起源和演变历史。我们去锅子饼的老店，吃地方小吃，更多的是了解文化。

每次走在渤海九路上，经过锅子饼店都能闻到饼香味。经常买锅子饼，站在一旁，看着店主操作。我买豆腐和鸡蛋馅，吃起来合口味。

周村烧饼

我家客厅墙上，至今挂着三五牌石英钟，三十多年了，走时精准，没有显现老态的样子。坐在客厅喝茶，望着石英钟，回忆起多年前，应周村作家孙青云邀请，为一家企业写报告文学。在周村住过几天，吃了好多的烧饼，采访结束的那一天，企业家付五百块钱的稿费，送给两箱周村烧饼。我在长途汽车站附近商场，买下石英钟，作为此次采访的纪念。

周村大多人知道："喝凉水、吃烧饼、心里有底。"可见周村烧饼在生活中的重要性，别的东西无法相比。

明朝中叶，各路商人来周村做生意，吃住行必须消费，小吃应时而生。胡饼炉的烘烤设备传入周村，当地人根据焦饼特点，采用烘烤胡饼方法，创出大酥烧饼。

周村烧饼源于汉代的胡饼，东汉末年刘熙在《释名》一书中解释为："饼，并也。溲面使合并也。胡饼，作之大漫沍也，亦以胡麻著上也。"从周村烧饼制作和材料，它与胡饼相差不大。清朝光绪六年（1880年），周村郭姓烧饼老店"聚合斋"，对烧饼制作工艺研制，几经改进，使周村烧饼以另一种风格出现。

大约明朝年间，周村商贾云集，南来北往的客商，起到广告宣传效果，周村烧饼被传播到各地，为人们所知。周村烧饼形圆而薄，因为其薄，又称为呱啦叶子。正面粘满芝麻粒，反面布满酥孔，若不小心落地，立刻碎成多瓣。食物和树叶对比，说明它的薄和脆。当地民间有句俗语："周村烧饼碗口大，一斤能称六十呀（个）。"由于工艺落后，当时的烧饼质量差，边缘较厚，中间薄，根据饼的形状，有人叫"木耳边烧饼"。光绪六年（1880年），"聚合斋"烧饼店郭氏经过研究，改进制作工序，从此没有再叫"木耳边"。周村烧饼，原料是小麦粉、白砂糖、芝麻仁，为纯手工制品，薄似叶片，入口嚼即碎，香气布满口中。光绪三十年（1904年），胶济铁路通车后，对于周村的影响极大，加速物流的发展。速度改变一切，也转变人的意识。交通的现代化，打破时空的限制，周村烧饼成为往来人的快餐点心，加快流通方式。章丘旧军镇"八大祥"商号，每年都来周村订购薄酥烧饼，并成箱发往外地。

我经常买周村烧饼，过去买的是简易纸包装，旅途中带不方便，稍不注意碰碎，送人不好看。每次回东北老家要找硬纸盒子，带的周村烧饼摆好，不出现空隙，免得途中相挤相撞，到地方后变成碎块。现在的周村烧饼有了很大提高，包装高档起来，可以买到盒式的周村烧饼。不必费尽心思，往旅行袋中一放，不会出现过去的问题。

二〇一七年三月，母亲病重后期，我每天用轮椅推着去百花公园散步。有一天，在去的路上，遇上卖周村烧饼的摊车，母亲说想吃一点。我给母亲买了一包，她只是喜欢，却吃不了多少。

二〇一七年十一月十八日，寒衣节，母亲离开我们半年多了。我带着供品，买了周村烧饼，一个人来到了黄河大堤上，找一处僻静的地方，祭奠母亲。

一碗百年甜沫

甜沫源于豫北地区豆沫，流传济南后成为名点。甜沫是小米面熬的咸粥，俗称五香甜沫。

泉城二怪是特产美食，一怪为茶汤，由小米炒成，沸水冲即可食用，所以叫茶汤。另一怪甜沫，味道不甜，其实是咸粥。主人做好粥后，便问来客"再添么儿"，就是说，加点粉丝、蔬菜、豆腐丝的辅料，人们按谐音叫为甜沫。

一九八三年，我家从东北搬至滨州，举目无亲，认识文友尹胜利，我们那时二十多岁，疯狂地迷恋文学。他家在淄博，在这里住单身宿舍。我们常在那间小平房里交流写作，谈托尔斯泰、契诃夫。我沉醉于俄罗斯作家瓦连京·拉斯普京的《活下去，并且要记住》，这本书，我从图书馆借来，爱不释手。

尹胜利在长途汽车站检票，他人缘好，认识所有的司机，由于工作便利，他请我去泰安看日出。第二天起得早，吃早饭后准备登山，我们在泰山脚下路边摊上，要了类似粥的食物。尹胜利说，甜沫是济南名吃，也叫五香甜沫，其实是咸的。一夜的休息，清晨喝一碗热甜沫，香气扑鼻，就着烧饼或馃子，一阵哧溜喝嘴里，进入肚中，浑身上下舒服。

我搜集老济南的图片，还有记载的文字。多个版本写济南的书，却不是想得的资料。披沙拣金，读有关甜沫的来历，一直有各种说法。

相传明末清初，因天灾战乱，大批难民纷纷拥入济南城。有一家田姓小粥铺，经常舍粥赈济，灾民互相传告，来粥铺喝粥逐渐增多。粥铺难满众求，便在粥内加入大量的菜叶并咸辣调料。灾民每当端碗盛粥前，见煮粥的大锅内泛着白沫，便亲切地称之为"田沫"，就是田老板赈舍的粥。时有一外地来济赶考的落难书生，也来此求得此粥，食之甜美无比，心想"甜沫"果然名不虚传。后来书生考取功名做了官后，又专程来济再喝甜沫时，已无昔日感觉，问其因，老板答称实是"田沫"，田姓之粥的意思。官员恍悟，当初只听音而未辨字迹之误所致，于是题写"甜沫"匾额，并吟诗一首："错把田沫作沫甜，只因当初历颠连；阅尽人世沧桑味，苦辣之后总是甜。"意思是在经历苦难沧桑之后，咸粥品尝起来都是甜的。从此这种带咸味的粥便叫"甜沫"，各种制作甜沫的作坊也兴盛起来。

据传，乾隆皇帝下江南，历经济南，也好上了甜沫这一口。一次纪晓岚陪着乾隆皇帝来到济南，欣赏完大明湖千佛山的湖光山色后，进了一家早点铺，对着早点，乾隆皇帝想难难狂傲不羁的"纪大烟袋"，便出了一个上联："咬口黑豆窝窝，就盘八宝酱菜，可谓岗赛"（济南方言"岗赛"就是"特别好"的意思），纪大烟袋马上吟道："吃块白面馍馍，喝碗五香甜沫，不算疵毛"（济南方言"疵毛"是"差"的意思）。

田和甜，两个字不同，本味未改变，粥有了色彩。从此带咸味的粥便叫甜沫。

民间说法，有想象的成分，人们给喜爱的东西，不断增添美好的向往，一代代流传下来。还有一说，甜沫本叫添末儿，意思是说粥熬好了，添上点粉条、蔬菜与花生，以及调料末儿，粥经过调兑，发生质的变化，味道不一样，于是添末儿从此传开，后来人们依其谐音，演化成为甜沫。

大卫·梭罗，自然学家，不吃荤，不饮酒，不抽烟。有一次，被问他喜欢桌上哪道菜时，他的回答经典："离我最近的那道。"我父母家在济南洪楼南路十号，小区门前，有一条几百米长、五米多宽的小巷子。时间长了，这里形成一条美食街，两边都是卖小吃的，好几家卖甜沫的我几乎都吃过，味道差不多，哪一家做得正宗，很难做出准确评价。

我每次回济南，早饭去门口买甜沫，两根油条，或者一个烧饼。我都是买一个老妇人做的，她扎着白围裙，弄得干净。她摊子上挂的牌子有意思，"济南历史文化小吃甜沫"，看上去醒目，吸引来往的人。

喝咸黏粥

早市入口处，新开小吃铺，门口竖着红底白字的牌子。油条、包子、豆浆、咸粘粥。这个"粘"字，应为"黏"字。我经过时看见醒目大字，觉得有意思。

滨州有句俗话："顿顿喝粥，无病无忧。"过去我住在大杂院，一排平房，晚饭时间，人们在院子里，见面互相打招呼，晚上吃什么，对方爽快回答，喝咸黏粥。邻居老家是潍坊乡下，夏天的傍晚，他家晚饭在院子吃。放一张小方桌，一家人坐在马扎上，每人一碗黏粥，端的姿势都一样。他家的咸黏粥讲究，潍坊的咸黏粥有三绝。粥内有豇豆、粉条、菠菜，最主要的一道工序，葱末、姜丝用花生油炸出香味。加入盐，黏粥煮好后加入调均，当地人称"倒熟锅"。但必须要稠，不稠出不来香味，而且品咂出声来。一碗黏粥落肚，浑身舒坦，喝得头上冒汗。黏粥保持热度，喝粥时喝一口，换一下地方，围着碗边不停转动，要不，喝第二口时，就会烫着。

山东各地的粥味不尽相同，济南父母家的邻居，讲起济南的老民俗。他说做黏粥，不说"熬"和"煮"，而是称为"打"。这个字更准确，更形象，更鲜活。做黏粥时，小米面或玉米面放入容器中，加上适量水搅匀。筷子快速搅动，这个过程，谓之"打"。调好的面糊倒入锅中，必须不停地"打"。民间相传，一九二五年，康有为到潍县，品尝过咸黏粥，夸奖为"仙人喝的粥"，"仙"是"咸"的谐音。

玉米面、小米面、豆面、小麦面粉，杂粮羼在一起熬制，并没有什么特殊食材。它是大众餐，既快捷，又方便，博得百姓喜爱。

我老家在长白山区，也吃玉米面粥，俗称面糊涂。二十世纪六七十年代，粮食需要定量供应，细粮短缺，大多是粗粮玉米面和苞米碴子，还有少量的高粱米。一年三百六十五天，每顿煮苞米碴子粥，蒸高粱米饭，晚上熬苞米面糊涂，一碟辣椒油拌咸菜条。一大碗面糊涂，进肚子撑得慌，不经时候，肚子变得空下来。以至于，我后来见苞米面就产生反应，坚决不吃，宁肯饿着，不喝面糊涂。由于我是家中唯一的男孩，母亲有些偏心眼，中午剩的饭用油炒，或单独蒸一碗米饭。

我讨厌苞米面，看上去细皮嫩肉的，颜色鲜亮不好吃。粮店卖的苞米面不脱皮，蒸出来的饼子和熬面糊涂难吃。好多家买回苞米碴子，添一些黄豆，到面粉厂加工一次。面粉厂在东小营子，周围是大片的菜地，离家更远，扛着粮食走十几里的路。一般都是约好同伴，借一辆手推车，这样不仅有伴，能互相照应一下，路上说说笑笑，不至于寂寞。

今天喝咸黏粥，无疑是一种自信，而且美丽的。

今天去早市，未走进去，就听电喇叭传出："馅饼、豆浆、咸黏粥。"顺着声音望去，前面电动三轮车，拉着保温桶、草囤子和纸杯。摆摊卖菜的商贩，不用离开摊位，可以吃上一口热饭。

早市有几家卖粮食的铺位，面袋里装着金灿灿的苞米面，山东人叫棒子面。每次经过，只是瞧几眼，匆匆走过。童年接触得太多，总有指尖滑过的感觉。

街头吆喝声

下班的路上，看到骑三轮车的中年男人，车上拉着玻璃柜子，里面装有马蹄火烧。车把上挂着电喇叭，不断地吆喝："马蹄火烧，马蹄火烧，香酥脆。"马蹄火烧主要原料，面粉、植物油和芝麻，特制锅炉烤制的面食。它最初流传于惠民、商河一带，其形如马蹄，所以叫马蹄火烧，又称为吊炉烧饼。

卖马蹄火烧的中年男人，推着车子，东瞅西看，好似不在卖火烧，而是街头漫步。

吆喝是一门民间艺术，不是每人都能喊两声的，它渗透时代的背景和民俗文化。一个人推着货物走街串巷，吆喝在胡同里响起，声音渗进第一块砖瓦中。风一样掠过墙头，进入每一座院落，听到吆喝，人们知道卖东西的是谁。一条条胡同是城市的血脉，充满生命的激情，发生很多故事，演绎悲欢离合。

怀念是美好的，过去的事情不一定都是苦难。小时候住在大杂院中，每天都有串巷的小商贩，崩爆米花，磨剪子、抢菜刀的进出，吆喝声给孩子们带来快乐。各种行当的小商贩，人的年龄划分鲜明。崩爆米花大都是中年人，挑着担子走起来，脚下生风。担子一头黑乎乎的机器，另一头煤盒子和装爆米花的长袋子。铜匠在行走中，敲着架子上的小锣，锣声伴着吆喝，响在大街小巷。家乡有一首童谣，我至今清楚记得："铜缸铜碗铜大缸，老王婆的裤子掉水缸。"磨剪子、抢菜刀老人居多，脸上爬着的胡髯褪尽黑色，老树根似的胳膊枯干，却结实有韧性。扛着长条凳子的床子，一边走，一边不时吆喝："磨剪子嘞，抢菜刀——"尾音拖得很长，在胡同里游动，敲响每个人的心。吆喝声穿过岁月，温暖人生路上孤独行走的人。

经常在大街，碰上骑三轮车卖马蹄火烧的男人，有时买几个带回家，午饭不做了。

山水煎饼

味道是乡愁，不论走到了什么地方，都无法忘记。从山东家中带袁枚的《随园食单》，他在序中引用《中庸》曰："人莫不饮食也，鲜能知味也。"

北碚多雨，有时坐窗前，眺望外面不尽的雨丝，想起山东的大煎饼，济南我父母家不远，七里堡市场，入口有一家泰山煎饼铺。

七里堡在洪家楼东北，胶济铁路南侧。东邻辛甸，西北为南全福庄，明代原称七里铺。当初，距离历城县府约有七里之遥，设过驿铺得名。县志记载，明崇祯《历城县志》"龙山路：七里铺"，清乾隆《历城县志》"闵孝一：七里铺"，民国《续修历城县志》"张马乡闵孝一：七里铺"，沿称七里堡。农贸市场西侧入口处，有一排平房，"泰安煎饼铺"在最里头。每次回济南探望父母，我都要买煎饼回滨州。店内面积不大，摊好的煎饼，摆一大摞子，店主根据买者多少，叠成方形。百姓喜欢的食物，卷上大葱，味道奇美。大作家蒲松龄作过《煎饼赋》，由此可见，他对煎饼感情深厚。

煎饼有着自己的性格，它的保存期，长达三个月以上，不易变馊。所含水分少，各种各样的菜放在上面卷起食用方便。泰安流传民谣："吃煎饼，一张张，孬好粮食都出香。省工夫，省柴粮，过家之道第一桩。又卷渣腐又抿酱，个个吃得胖又壮。"煎饼的原料来源于五谷杂粮。经过浸泡，石磨磨成糊状物。摊煎饼火大容易糊，火小又不熟，难以揭下来。摊得太快不行，沾不满鏊子，摊得慢受热不匀。

摊煎饼的工具不复杂，用来摊糊子的工具，当地人俗呼池子，木制板，弧形状，有一根长柄。糊子舀在热鏊子上，拿池子刮匀。油擦子，又称油搭子，多层布缝制，表面渗出食油。每摊一张新煎前，用来擦鏊子，为防煎饼粘连鏊子。泰山煎饼有一千多年的历史，其不同之处，离不开水的滋养，泰山三美当中，水为首位。米广莉、朱冰文章中写道：

　　泰安煎饼食用方法不拘一格，怎么吃都行。泰山三美当中，以水为先，只有用它孕育的五谷杂粮来制作的煎饼，才是闻名于世的泰安煎饼，才具备泰山的神韵。

　　俗话说："民以食为天。"泰安煎饼正是应了"食为天"的说法。明代著名诗人杨慎在他的《词品》中说："宋以正月二十三日天穿日，言女娲氏以是日补天。俗以煎饼置屋上，名曰补天。"据说从宋代有个规定，把正月二十三定做天穿日，在这天，好吃煎饼的泰山人把煎饼放在屋顶上，叫做补天，以求"雨顺"而五谷丰登。煎饼，从形状上看，它是圆的，天圆地方，具有天的形状。它用上天赐给的五谷杂粮做成，又能包容一切食品，所以说"一张煎饼包天下"，还有承载天下的意思。

　　当地流传抗日英雄冯玉祥的故事，他在泰山时体察民情，时常去位于五贤祠北凌汉峰山腰的三阳观吃煎饼。去山上吃不方便，他的伙房搭有炉鏊，就自己动手摊煎饼。有一天，他在伙房，看见摊焦的煎饼上的焦痕，突然出现灵感。派人去铁匠铺定做摊煎饼的新鏊子，按照他的想法，铁匠在鏊子中间凿上他写的"抗日救国"四个隶书字。从此以后，伙房用它摊出的煎饼，果然中间显出"抗日救国"。冯玉祥招待客人都摆上煎饼。他还写了一本《煎饼——抗日与军食》的小书。

我摊过煎饼，有一年，我去符岩屯。那是群山环抱的地方，村前有一条山溪流淌。有一天，姥爷领我去叫姨姥的邻居家求她摊煎饼。

一圈圈地转悠，扶住磨杠，推动沉重的石磨。我在后面姥爷在前头。姥爷不停地舀一勺泡好的小米，往磨眼里倒。从磨沟淌出黏稠的小米面糊，落到托盘上，顺着圆口流进水筲中。磨盘发出的声音在山野回响，踩着瓷实的磨道，觉得干这点事，一会儿完活，鼓足力气跑起来。小米面糊堆积托盘上，阳光的照射下，犹如流淌太阳之波的河水。一阵猛走后，速度慢下来，磨越来越重，汗水滴落地上。我感到身体单薄，力量微小，腿越来越无力气，头晕眼花，顾不得看别的东西。姥爷是求邻居家帮忙摊煎饼，他让我管扎辫子的女人叫姨姥，弄不清辈分，只好开口喊一声。

姨姥家的院子，灶台搭院子当中，砖砌的灶台临时搭成，粗粗拉拉，有的地方干脆黄泥糊住。铁皮烟囱竖起，灶台旁边堆了不少柈子，都是姥爷从家抱来的。

鏊子烧热，姨姥坐方凳上，不时从灶炕中抽出柈子，再续进去，掌握火的温度。她用油搭子，鏊子上抹一遍，舀一勺面糊倒鏊子上。鏊子遇到湿面糊吱吱响，飘着熟食味。

姨姥拿着刮子不停地刮，面糊厚薄均匀，酥脆的煎饼摊成。看着煎饼我没有胃口，一群鸟从天空飞过，留下几声鸣叫。姥爷推动石磨，一步步地走。符岩山区的沟沟坎坎，都有他的脚印。

北碚雨天多，在客居的日子，坐在窗前望着窗外，隐藏雨雾中的缙云山，回想过去拉磨、摊煎饼的情景，七里堡的泰山煎饼铺。很想煎饼卷大葱，缓解思家的愁绪，人是个怪物。

味道独特

　　长江一路卖北京老布鞋的店，几天未去那里。昨天经过发现改换门庭，成为"乔庄水煎包铺"。

　　门敞开，未正式营业。中年妇女，扎着卡通熊图案的围裙，在打扫卫生。屋子里摆着新桌子和方凳，门楣红底黄字的牌匾，离很远的地方看到。过不了几天，附近的居民就吃上乔庄的水煎包。

　　有一年夏天，我和文友去打鱼张森林公园游玩，它位于黄河南岸，大堤横贯东西。一九五八年，由苏联工程师设计建设打鱼张引黄闸，并修建引黄渠。建成后，分别在黄河大堤、引黄渠植树造林。

　　街边很少有人干活，路边的小商店、饭店、物流、宾馆、停车场进出的人，比田里的人还多。中午时分，路边有几个小饭店，我们选择一家泥土房，在这样的环境下，吃一顿特色的民间小吃，更有回味。要了一碗鸡蛋汤，吃乔庄水煎包。刚出锅的水煎包焦黄色，焦壳又香又脆，口中溢满香气。

乔庄水煎包历史悠久，起源于博兴县乔庄村。于一九二八年，距今已有八十四年历史。当时乔庄村有一个农村汉子，水煎包的馅调得好，面皮薄厚，醇香宜口，当地人称为一绝，传承至今。

做乔庄水煎包相关的材料重要，平底水煎包的铁锅，下面最好烧树枝和棉花秸。柴的烟气中，有了人情味，如果烧煤，呛嗓子的烟味，少了些情调，做出的煎包感觉不一样。

做水煎包发面，第一道工序，决定煎包的好坏，韭菜和猪肉馅，两者包之前不能拌在一起，各自放盆中。包包子放上韭菜，再放调好的猪肉。包子捏成圆柱，收口成花纹状，包子口向下，坐在平底锅里。灌入调兑的面糊水，淹没包子，盖上锅盖，一阵急火。水快干转小火，煎包底入食油，包子口油煎焦壳。

　　来到滨州三十多年，吃过多家的乔庄水煎包，唯有在泥土房吃的记忆深刻。小区附近这家新开的店，过不了几天就要营业，不知味道如何。不管怎么样，我要品尝一下，看师傅的手艺如何。

杂面大饼子

写字台上的水杯，戴着毛线钩的套，父亲饭后，还未来得及泡一杯茶。桌子一侧，堆了一摞满族风俗丛书，铺开的稿纸上，父亲继续写满族文化系列散文。父亲七十多岁了，在病房里回忆童年、青年的事情。父亲会使电脑，而且水平不低，扫描仪、彩喷、移动硬盘一应俱全，他很早进入办公自动化。但文字都是手写，很少从电脑上写作，这些是他在病中新写的文字。

上午十点多钟，父亲催我和母亲离开医院，去外面活动一下。顺便上附近的小市场，买杂面大饼子，中午作为主食。

母亲离开东北老家几十年，她还记得那句歇后语："凉锅贴大饼子——出溜了。"母亲做锅贴大饼子是高手，每天晚上，发酵苞米面。第二天，一大早起来，烧热锅把苞米面抟成团，使劲往锅边上一摔，苞米面大饼子贴上。盖上木锅盖，四处有抹布塞严实，防止泄气，猛火烧上十几分钟。饼子正面香软，背面是焦黄的嘎巴，小孩子们喜欢嘎巴，吃起来香。

穿过几条街道，我和母亲来到了医院附近的小市场。父亲嘱咐买杂面大饼子，这儿的特别好吃，五种杂面混合一起。市场不大，狭窄的小巷，两旁挤满摊位，支的大伞，遮挡半边天空。我脑子里乱糟糟的，适应不了市场的环境，接受浑浊的气味。我的眼光尽量在青菜摊上扫，芹菜、山药、白菜、青椒、茄子、土豆，缓解焦躁的心。我跟在母亲的身后，耳中充满嗡嗡的声音，叫卖的吆喝，不断往耳朵里钻，弄得心意烦乱。这家的杂面大饼子好，买的人多，母亲加入买杂面大饼子的行列，我站在一旁等待。我身边是卖香肠和调料的摊位，摊主是青年人，不乱吵乱嚷。没人来就拿晚报看，这样的生活已经习惯。

街路面高矮不平，无数双脚来往，从轻重缓急能察出人的心情。老年人节奏轻缓，他们有的是时间，不必着急回家，一个个摊位地看，青菜一棵棵挑。年轻人有力急促，在追赶时间，我很少这么观察过往行人。母亲终于买完，我拎着装大饼子的袋子，感受新出锅的温度。在人群中穿来挤去，躲开路上的积水，成功突围市场的喧闹和人的包裹。来到街上，出一层细汗。

目光被行驶的汽车不断挡住，注视省立医院高耸的楼。父亲病房的窗口看不到，他在休息，还是读书，我不知道。明天是十一，他向医生请一天的假，准备回家和家人共度节日。母亲和我在阳光充足的街道走，彼此间话不多，但母子同在街上走，这样的时间毕竟少，我每次回济南匆匆忙忙的。